水の科学 第2版

水の自然誌と生命、環境、未来

清田佳美 著
Seida Yoshimi

Ohmsha

本書を発行するにあたって、内容に誤りのないようできる限りの注意を払いましたが、本書の内容を適用した結果生じたこと、また、適用できなかった結果について、著者、出版社とも一切の責任を負いませんのでご了承ください。

はじめに

　本書は、東洋大学白山キャンパスで平成 23 年度から開講されている自然誌の講義資料を教科書用に編集したものです。本書は近年の大学基盤教育における考え方を反映して、我々にとってこれからもとても重要な"水"をテーマとし、これに係る体系的な教養を備えることを目的としています。あまり聞き慣れない言葉かもしれませんが、物質としての水の博物学と人類との関わりまでも含めた広義の"水"の歴史を学ぶ「自然誌」という学問として本書の内容を位置づけています。地球における水の誕生、歴史、動態、水の誕生から現在に至るまでの生命、環境、文明との関わり、そして水に関わる未来について広く学ぶことができます。これまで水の科学の専門書はたくさんありますが、本書の特徴は、自然誌という観点で水という物質が自然の中でどのような存在なのか、水の特異な性質が自然や文明の中でどのように働いているのかといったしくみを示すことによって、水の世界の変遷とその科学的な理解を深めて頂くことを意図しています。

　本書は以下の構成で成り立っています。

　序章では、水の自然誌という学問について説明するとともに、水の科学的研究の歴史について概要を解説しています。

　1 章は地球の水の起源、歴史、生命の星となる惑星条件について現代科学の理解を解説しています。生命が誕生する環境条件と起源研究のアプローチについて体系を解説しています。

　2 章は水という物質の構造と物性・特性について解説しています。水が特異といわれるゆえんはなにか、自然の中で水がどのような役割を担ってきたのか、自然に見られる水の多様な現象のメカニズムはどのようなものかなど、本書全体の科学的理解の基礎となる内容です。まずここから読み進めるのも良いと思います。

　3、4 章ではさまざまな水の自然と動態について解説しています。地球上の水の全体像と自然における水の実態、水の関わる気象と災害・防災について基礎を学ぶことができます。水の災害が発生するしくみと温暖化による水の脅威、防災について示すとともに近年の異常気象についても取り上げています。本章の知見は、6、9 章の内容を学習するうえでも役立ちます。

はじめに

　5章は水が織りなす自然の造形美とそのしくみについて解説しています。テーマは水の作る形、音、流れの自然美です。

　6～8章では水の人間との関わりについて解説しています。特に、水の有する特性がどのように文明・文化に浸透し人間にどのような恵みをもたらしてきたか示しています。

　最後の9章では、世界と日本の水資源をめぐる現状と課題を示し、人類の水との関わりの未来を考えます。生命を生み出した自然の水は、高度に進化した生命たる人間の活動（自然への介入）の影響を受けて、いまや自然動態と環境の変化を生じています。今ある状況を把握し、未来に向けて私たちができることを考えます。

　本書は、文科系の学生は勿論、理科系の学生にも水に関する多くの知識・教養を得られるように配慮しました。本書により多くの方が水の自然誌を学ぶ一助になれば幸いです。

　本書の内容は平成26年時点の情報をもとに記載しております。科学技術や学問的理解は日進月歩で変わることもあります。今後、一部内容に変更等がありうることをご理解下さい。

　本書を作成するにあたり、多くの方にご協力を頂きました。生田目憲子氏には実際の現場資料等をご提供頂きました。東洋大学経済学部・鈴木孝弘教授には原稿作成過程で学術的観点から細部にわたるさまざまご助言を頂きました。なによりオーム社書籍編集局の皆様には立ち上げから出版まで多大なご協力を頂きました。ここに記して心より感謝申し上げます。

　平成27年2月

清　田　佳　美

第2版によせて

　本書は大学における基盤教育科目の講義用テキストとして、人との関わりも含めた水の自然誌を学ぶことを意図して執筆しました。水の自然誌に広く関わる学問を学ぶ入門書として、初版の内容は 2011 年頃までに収集した文献情報に基づいてまとめました。ほぼ 10 年を経て、新たな科学的知見によって記述内容の検証を要する箇所、更新すべき統計情報などが増えました。地球の水の起源や生命の起源に関わる内容については、この数年間にも新しい発見や新しい科学研究成果があり、これまでの常識を超える知見が新たに増えました。水分子の特性にはいまだわからないこともありますが、先端の分析・解析を駆使した研究によってその理解は一層進んでいます。改訂版ではこうした新しい知見をできる限り取り入れました。

　地球の水の動態は、気候変動とともに複雑に変化し始めています。氷床の崩壊、氷河や永久凍土に見られる現象は今後の水環境の変化を見きわめる重要な指標として世界が注目しています。地球規模の気候変動が起きていることを疑う人はこの 10 年で一層少なくなったと思います。気象の変化もこれまでよりも厳しいものになるとの予想を裏付ける事例が統計的に増えています。気象観測網と解析技術が整備され、気象予測の精度が飛躍的に高くなるとともに、気象情報を誰もが容易に利用できる時代になりました。その背景には、近年毎年発生する甚大な水害から人の命を守るという重要な役割があります。2019 年に内閣府は「避難勧告等に関するガイドライン」を改訂し、よりわかりやすく水害リスクのレベルと避難行動基準を示しました。文明は自然の水の脅威から守る術を備え、変わりゆく気候に対処しながら発展しています。

　国際社会の努力によって世界の貧困割合はかなり減少し、安全で衛生的な水にアクセスできる人口は大幅に増えました。一方で、人口の爆発的増加による水利用の増加と気候変動による食料需要の増加に伴い、水環境の保全や水資源の確保は一層重要な課題になりました。世界の水需要は 20 年前の予想通りに増加の一途を辿っており、水問題は一国のローカルな問題だけではなく、人類の持続的な開発に懸念を生じるグローバルな問題に拡大しました。2015 年に国連は「持続

可能な開発のための 2030 アジェンダ」を採択し、持続可能な開発目標（SDGs）を掲げました。国際社会では水環境の保全や人類の持続的な水利用に対する意識が一般市民に浸透し、多面的な保全活動の広がりが見られます。

　折しも世界水フォーラムにおいて今上陛下がご講演で述べられたメッセージに胸を熱くしました。今世界が抱えるいろいろな水問題に対峙し、振り返ってみれば時代の良き転換がなされたと思えるときが来ることを願うものです。水の科学に関する名著が多数ありますが、本書が水の自然誌という視点で水に関わる基礎知識と科学を紹介する入門書として、また、人々に水の素晴らしさや私たちとの密接な関わりについて伝える役割を担うことができれば幸いです。

　なお、改訂に際し記載情報の科学的信頼性について可能な限り精査しましたが、内容について幅広い視点で読者の皆様のご意見をいただくことができれば幸いです。

　東洋大学経済学部・鈴木孝弘教授には、本書の内容に関わる多くの情報を提供して頂きました。生物学に関わる記述に関して、瀧景子博士に有意義なご意見を賜りました。この度も、オーム社ならびに関係者の皆様に大変お世話になりました。ここに記して謝意を表します。

　令和 2 年 10 月

清 田 佳 美

目　　次

8章　水と暮らし

9章　資源としての水

序章
水の自然誌への誘い

　本書は、私たちの地球における水の存在とその歴史、生命誕生と進化に関わる役割、現在の環境における動態と影響、文明に及ぼす影響、すなわち人間との関わりについて基礎を学ぶことを目的としています。21世紀は水の世紀、水が世界を制すとまでいわれ、未来に向けて多くの国々が水資源を確保することを最重要課題に据えています。日本に住んでいるとピンとこないかもしれませんが、今後の水資源の問題は日本にとっても例外ではありません。人間を自然の一部として捉えれば、地球の水の歴史は、人間（文明）との関わりや影響を含めた壮大な物語になるでしょう。現在の文明における重要性の多様化、文明の発達による水の自然動態への影響増加、今後の気候変化といった内容も水の歴史の一部です。根底に作用する水の科学的特徴を理解しながら、この壮大な「水の自然誌」について解説していきます。まず、序章では水の研究史と人類との関係について説明します。

1　水の自然誌

　"自然誌"とはどんな学問でしょう？　"自然誌"という言葉は、英語の Natural History の日本語訳の一つです。自然の歴史を学ぶ博物学的な学問（自然史）と捉えられそうですが、必ずしもそうでもありません。自然誌の「誌」には「ストーリー（物語）」の意味合いが込められています。自然や自然物の博物学的な内容だけではなく、ときには人間との関わりをも含め、自然について科学的理解に立脚した歴史、変遷、進化などを研究する学問として発展しているように思います。近年の科学技術の発達により、科学的理解を基本としてさまざまな自然物の歴史が解明され、体系的理解の信頼性を増しています。

2 水の研究史

　水に関する研究には長い歴史があり、記録に残る始まりは古代ギリシャの時代にまで遡ります。紀元前6世紀、古代ギリシャの哲学者タレスは水を万物の根源であると考えました。その後、紀元前4世紀の哲学者エンペドクレスは物質の根源は火、水、土、空気と考えました（四元素説）。古代中国の五行思想と呼ばれる自然科学では、万物は火、水、木、金、土の五つの元素からなると考えられていました。

　水に対する見方が飛躍したのは、19世紀になってからです。18世紀末にイギリスのキャベンディッシュやフランスのラボアジェらの燃焼化学実験により、水素と酸素の気体が存在すると認められ、そこから水ができることを発見したのを契機に、水は元素ではないと認識されるようになりました。この後、19世紀にイギリスのドルトン、フランスのゲイリュサック、ドイツのフンボルトらによる水素と酸素の反応実験を通じて、水の化学構造に関する研究がなされ、アボガドロの分子説によって水が H_2O で表される化合物であると認められるようになりました。

　20世紀に入ると、科学技術の進歩に伴って、いろいろな観点で水の物性が調べられました。その結果、水の物性の特異性が多数見いだされ、同時に水には多様な状態が存在することが理解されるようになりました。今日、水の科学的特性について多くのことが解明されていますが、それでも水には科学的に不明なことがまだたくさんあります。水は他の分子と比べて特異な性質を示すことが多く、今日でも不思議な物質といわれる所以はここにあります。

3 人類と水の関わり

　水の歴史の中で、人類と水とのつきあいは特別です。水は人類によってさまざまな形で利用されてきました。地球の生物にとって水は恵みであり、ときに脅威であり、生物はずっと自然の水に翻弄されてきました。人類だけが自然の水の支配から解放され自然の水を自由に制御しようとしてきました。特に洪水のような脅威に対する戦いには長い歴史があります。

　ベルサイユ宮殿の庭園に見られるように、西洋において時の権力者たちは自らの宮殿や住居に水場を噴水とともに配置しました。それには、庭園に自然物を取り込んで楽園を人間の力でつくり出すという意味や、流れのある水をレイアウトすることによって「自然の水」を表すとともに人間の力で自然を制御するという意図があるようです。文明は遠路、水源から水道を引くことによって、「天の恵み」の制約から解放され、いつでも自由に水を利用できるように発展してきました。

　科学技術の飛躍的発達を遂げた今日、私たちは水の物性・特性を多様に制御・利用し、暮らしに取り込むようになりました。まさに、水の歴史の中に高度な文明が大きく関わるようになりました。

　水は、私たちにとってなくてはならない身近なものであり、日常あたりまえのように利用していますが、いろいろな角度からその物性・特性が明らかになるにつれて、実はとても特別な性質を有するほんとうに素晴らしい存在であることが科学的に明らかにされてきました。自然における水の動態が明らかになるにつれて、人類は水のもたらす恩恵をその度に改めて感じてきたことでしょう。

　水との関わりという点で、人類は新たな局面を迎えています。自然の水を大量に利用する技術を獲得した現代文明は、自然の水の動態をかく乱し、大切な水環境の汚染を増してしまいました。私たちは、水とのつきあい方を見つめ直すときを迎えています。人類にとって公平で持続的な水利用を図るために、世界的な協調のもとで総合的な観点から水の問題に取り組む時代になりました。決してひとごとではありません。水の自然誌と文明の関わりについて学び、誰もが俯瞰的な知識と理解を備えることが、私たちの未来にとってとても大切です。

1章
生命の星、地球

地球は奇跡の星、水の惑星などといわれます。温暖な環境と多様な生命が宿る条件を備え、事実、多くの生物が長きにわたって生息しているからでしょう。分子論的に生命・生物のしくみを知れば知るほど、神秘的とまで思えるそのすごさに感動するでしょう。昭和の時代からさまざまな探査機が太陽系の惑星探査に送り出されてきました。生命科学と宇宙探査技術の発達によっていろいろなことが日々解明され、宇宙観や生命観は劇的に変化しているといえるでしょう。なぜ地球には大量の水があるのでしょうか？　地球にある大量の水はどこからやってきたのでしょうか？　地球に液体の水が豊富にあるということは特別なことなのでしょうか？　液体の水のある惑星で生命が生まれ、生息（存続）する条件とは何でしょうか？　答えは簡単ではありませんが、本章では、そんな疑問について考えます。地球に液体の水が存在する条件、地球の水の起源、地球生命の起源についての科学的な理解を説明します。

1・1　液体の水が存在する惑星条件

地球の生命（**地球型生命**）はすべて液体の水を蓄えた細胞からなり、生命の営みの中で大量の液体の水を利用しています。水は細胞構造の形成と安定化、生命活動に必要な物質の溶解、移動、反応を担っており、生命にとってとても重要な物質であることはいうまでもありません。このような水の機能があるからこそ、水環境の中で生命が誕生したと考えることもできるでしょう。この液体の水が地球に存在するには、地球にさまざまな条件がそろっていることが重要だったと考えられています。液体の水が大量に存在する惑星の条件には、以下のようなものが考えられています。

①　地球がハビタブルゾーンに存在すること。地球は太陽という大量の熱エネル

ギーの供給源である恒星をまわる惑星です。太陽からほどよい距離を公転し
ていることは、生命が誕生、存続、進化する条件として重要と考えられてい
ます。**図1・1**に示すように、太陽の周りをまわる惑星の表面温度は、公転軌
道が太陽から遠くなるにつれて低くなります。金星、地球、火星、木星、土
星の表面の平均温度はそれぞれ200℃、15℃、－30℃、－130℃、－150℃
です。地球の温度は生命に不可欠な「液体の水」が存在する（水が液体でい
られる）のにちょうど良い太陽からの距離に地球が存在することを示してい
ます。ご存知のように、水は0～100℃で液体として存在します。太陽に近
い金星は水が液体で存在するには平均温度が高すぎます。火星よりも外側を
公転する惑星では平均温度が低すぎるため、何かほかの要因がないと液体の
水は存在し得ないことになります。地球型生命が存在するためには、液体の
水が存在可能な領域に惑星が存在することが必要ということになります。生
命が生存可能な宇宙の領域を**ハビタブルゾーン**（生命生存可能領域）と呼び
ます。まさに地球はこのハビタブルゾーンに位置しています。ハビタブル
ゾーンの外側であっても、熱源などの何らかの条件が備わっていれば液体の
水は存在し得るので、そのような場も地球型生命の誕生条件の一つを備えて
いることになり、生命誕生の可能性はあると考えられます。

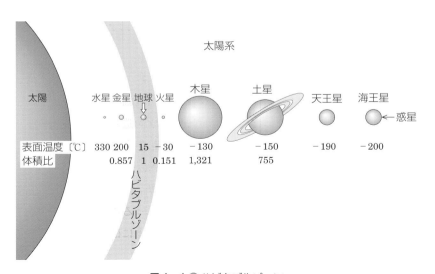

図1・1 ● ハビタブルゾーン

②　地球がある程度大きな質量の惑星であること。星はその大きさ（質量）に応じて重力が異なります。小さな惑星は重力が小さいため、その表面に気体を留めておけず、宇宙に失ってしまいます。地球はこの意味で十分な大きさだったということになり、水蒸気をはじめ地球の大気は宇宙に失われることなく留まっています。

③　地球の地軸の傾き、公転、自転周期がほどよく安定で変動しないこと。例えば自転周期が24時間ではなく半年だったらどうでしょう。半年は冬で夜だけ、もう半年は夏で昼間だけという環境になり、おそらく生物にとっては今よりもずっと過酷でしょう。生物が環境に順応する力を備えても、その変動周期や変動幅は小さいほうが負担は少ないでしょう。

④　太陽系の惑星の公転面が現在のように互いに衝突しない状態にあること。もしもそうでなければ、いつか惑星どうしの衝突が起こる可能性もあり、生命の誕生、存続に致命的な影響を及ぼします。他の惑星が今以上に巨大な惑星ではなかったことも公転軌道の安定化の面で良かったと考えられています。

⑤　地球が岩石型の惑星であり陸地が存在すること。陸地があることにより、**図1・2**に示すように液体の水が滞留し、流れ、気化し、循環する環境が生まれ得ます。仮に、地球が木星や土星のようなガス型の惑星だったらどうで

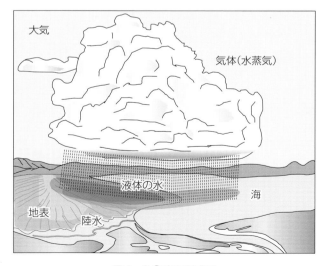

図1・2 ●岩石型惑星

しょう？　陸地がないので降水は途中で蒸発してしまい、液体の水が滞留する場がありません。

⑥　太陽の寿命がちょうどよい長さであること。星の寿命は星の大きさとも関係します。太陽は数十億年後には膨張して太陽系の星々を飲み込んでしまうと考えられています。地球では生命が誕生してから現在のような多様な進化を遂げるまでに数十億年が経過しています。もしも太陽の寿命が短かったら、進化の途上で地球環境は激変し、生命は途絶えてしまっていたかもしれません。もしも太陽が小さかったら、地球は十分な熱エネルギーを得ることができず、液体の水が存在できない環境になり、生命誕生と進化には不都合だったことでしょう。

⑦　月という大きな衛星を伴っていること。月と太陽の存在によって潮の満ち引きが生まれます。潮の満ち引きは地球規模で海水を動かすため、地球の気温分布の緩和に役立ちます。海水の動きは、溶存物が出合うチャンスを増やすことにも有効でしょう。

⑧　このほか、陸と海の両方の存在とそのバランス、プレート運動*1による気温の調整機能、地球の磁場の存在、大量の酸素の増加などの条件が地球に高等生命を生み出す環境として関わったと考えられています。

　いずれの条件も生命が誕生し今日まで進化を遂げるうえで必要な条件ですが、このような条件がそろっていれば生命誕生の場となり得るのではないかという考え方から、生命誕生の奇跡は必然とも考えられるようになりつつあります。

1・2　地球の水の歴史

　地球の大量の水はどこからやってきたのでしょうか？　海はいつ頃できたのでしょうか？　地球の水の起源は隕石、**彗星**、**小惑星**、地球を形成した**微惑星**に含まれた鉱物、太陽からの水素などとする説があります。水は地球だけの特別な存在ではなく、宇宙に多く存在することが観測されています。氷の状態ならば、太陽系惑星の火星、天王星、海王星にもその存在が観測されています。

---

*1　プレート運動：地球の表面がプレートと呼ばれる固い岩盤で構成され、このプレートが互いに動くことをいう。この動きは地震とも関わる。

　物質の起源を推定する方法には**同位体分析**という手法があります。実際に収集できる物質をもとに、時間を遡って昔の環境やその物質の起源、誕生の時代などを調べるために使われる手法で、地質学や考古学の研究では年代推定などに利用されます。

　放射性物質は時間とともに崩壊して質量が変化するため、この同位体比を分析することにより（**放射性同位体分析**）、その物質がどれくらい古いものか、その年代を探ることが可能です。例えば、アメリカにある峡谷「グランドキャニオン」は昔の地球の姿や情報をその地層に保存しています。地層の**堆積物**を同位体分析することによって、地層を形成した年代が調べられています。

　堆積岩はその名のとおり、いろいろなものが海底などの水底に堆積し、その後の続成作用によりできる岩石であることから、堆積岩の存在そのものがかつて大量の水があった証となります。地層中に堆積岩が存在すれば、かつてそこに水の流れや海などが存在したことを意味するため、同位体分析によってその地層において大量の水が存在していた年代を見積もることができます。

　安定同位体はその起源によって異なることが知られています。同位体比が長期間安定していることを利用し、地球の物質の同位体比と地球外の物質の同位体比を比較することによって、地球の物質の起源を探ることが可能です。水は通常、質量数 18 で H_2O と書きますが、水の中には通常の酸素原子よりも重い質量数 18 の酸素原子（^{18}O）でできている $H_2{}^{18}O$ や、質量数 2 の水素原子（D）でできている DHO などの同位体がわずかに含まれています（**図 1・3**）。例えば、地球

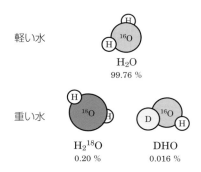

軽い水

H_2O
99.76 %

重い水

$H_2{}^{18}O$
0.20 %

DHO
0.016 %

図 1・3 ●水の同位体
（図中の数値は降水中の安定同位体比の例）

の水の起源を探る指標として、水の**重水素**と水素原子の同位体比（**D/H比**）が利用されています。地球の水の同位体比と地球外の天体に含まれる水の同位体比と比較することにより地球の水の起源を探るというわけです。これによると、地球の水のD/H比は太陽系外縁で形成された彗星の水よりも、火星-木星軌道間にある小天体（**炭素質コンドライト**）のD/H比に近いという観測結果があります。D/H比が近似していることが、この小惑星が地球に大量の水をもたらしたと考える根拠になっています（**図1・4**）。水の起源についてはほかにも異論（エンスタタイトコンドライト起源説など）があります。

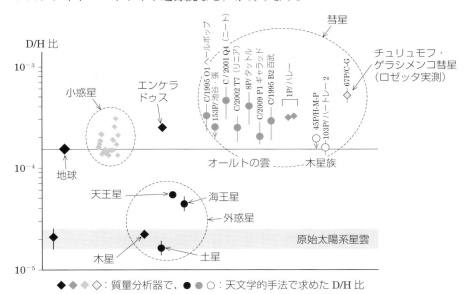

図1・4 ◯ D/H比
（出典：McKinnon W.B. et al., Enceladus and the Icy Moons of Saturn, pp.17-38（2018），Univ. of Arizona, Tucson）

　JAXA（宇宙航空研究開発機構）の小惑星探査機はやぶさが小惑星イトカワから持ち帰った鉱物中にも、地球の水のD/H比と類似した水が見つかっています。地球の水の起源として、太陽系の内側で形成されたS型小惑星が内部に水を含み地球の水の供給源になったとする説があります。

　地球の水の起源は太陽系ができる以前のものにあるとする説もあります。諸説ありますが地球の海は地球46億年の歴史の中でかなり早い時期にできていたよ

うです。初期の地球にも多くの小惑星が衝突したことでしょう。それは、月のクレーターの多さを見れば想像できます。地球に衝突した小惑星の岩石（炭素質コンドライトなど）に含まれた水は衝突によって蒸発して地球の大気中に放出されたでしょう。やがて地球が冷える日を迎え、大気中の水蒸気が降水して海ができたと考える説が有力です。幸い、地球は水蒸気を宇宙に失うことなく捕まえておくだけの重力を有する大きさの惑星でした。海は地球ができてから2億年後には形成されていたとする説もありますが、少なくとも38〜40億年前にできた堆積岩が発見されていることから、その頃にはすでに海があったと考えられます。堆積岩は地上に堆積してできる場合もありますが、その存在自体がかつてそこに大量の水があったことを示唆します。

1・3　生命誕生と水

（1）水、エネルギーと有機物

地球の有機物（有機化合物）は主として二酸化炭素（CO_2）と水（H_2O）から太陽光を使い光合成によってつくられています。有機物の主要構成元素がC、H、Oであるのはこのメカニズムによるものです。地球型生命は、C、H、Oを主要元素として成り立っているということです。

有機物を最も簡単に書き表して$C_xH_yO_z$とします。ここでx、y、zはその物質に含まれる各元素の数を表します。光合成反応は最も簡単に次のように表せます。ただし、ここで**化学量論**[*2]はそろえていません。

反応式：　$CO_2 + H_2O +$ エネルギー　$\longrightarrow$　有機物（$C_xH_yO_z$）$+ O_2$

窒素Nや硫黄Sも重要な構成元素ですが、とりあえず話を最も簡単に示すためここでは省略します。この式は、地球に降り注ぐ太陽エネルギーが有機物の大きな分子を合成することによって物質に蓄えられるということを意味します。一方、動物はこの有機物を摂取して分解することによりエネルギーを取り出し、生命を維持しています。いわゆる代謝です。これは上式の逆向きの反応（酸化反応）

[*2]　化学量論は反応の量的関係に関する理論。反応式の左辺と右辺の原子数が等しくなるように反応式中の各物質に付した最小の整数の係数を化学量論係数と呼び、化学量論は、これらの係数の関係を導くものである。

になります。化石燃料からエネルギーを取り出す化学反応の基本的概念もこの式になります。このように、水は有機物質に取り込まれるかたちでエネルギーを蓄え、有機物の燃焼（代謝）というかたちでエネルギーを取り出すというサイクルにおいて重要な役割を果たす物質であることが、この簡単な反応式からも想像できるでしょう。

(2) 生命誕生の場所

図1・5に地球の歴史年表を示します。地球の生物は、海（液体の水）ができた後に誕生したと考えられています。最初の生命の誕生は38 ～ 40億年前と考えられています。地球ができた初期の頃の大気は、今の金星に似た二酸化炭素の多い大気であったようです。

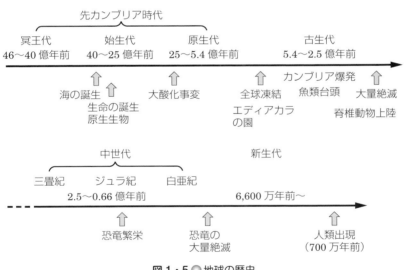

図1・5 ● 地球の歴史

地球に海が形成されたことによって二酸化炭素の多くが海に吸収され、大気中の温暖化ガス（二酸化炭素）が減少したことにより、地球の気温はさらに下がり、生物にとってとても良い環境温度に変わっていったと考えられています。海に大量の二酸化炭素が溶け込んだことによって海水中は炭素源の豊富な環境となり、このことも生命の誕生に関わる好条件の一つであったといえそうです。

　38 ～ 40 億年前とする地層から生物の痕跡らしきものが発見されているため、その頃にはすでに地球に生命が誕生していたことになります。しかし、その頃の地球の大気には酸素はほとんどなかったと考えられています。のちに、光合成を行い酸素を発生する**シアノバクテリア**（藍藻類）が誕生したおかげで、24 億年前頃には大気や海洋の酸素濃度が高くなる地球環境に変化した（大酸化事変）と考えられています。魚類、両生類、は虫類、ほ乳類といった高度な生物が誕生するのは 5 ～ 2 億年前になってからです。生物の増加によって大気中の二酸化炭素はさらに生物体内に固定され、大気中の二酸化炭素濃度は一層下がりました。人類の祖先が誕生するのはさらにずっと後になってからのことです。

（3）液体の水

　地球と同じような生命（地球型生命）が生まれる条件として、「液体の水」の存在が重要であると考えられています。それはなぜでしょう？　生命が生まれるためには、まず、それに関わる物質群が存在し、それらの物質がゆらぎ、互いに接触する機会と反応する環境が必要です。その環境を提供し、物質のゆらぎを可能にするのが液体の水です。固体の水、すなわち氷ではその中にある物質（分子）の移動はとても遅くなるので、すべての変化に非常に多くの時間を要する場になります。

　ある媒体中に存在する物質（分子）が自由に動くためには、その媒体に、その物質を「溶かしこむ性質」とその物質が「自由に動ける柔軟な性質」があれば好都合です。そんな都合のいい物質が「液体の水」というわけです。地球型の生命が生まれるためには、少なくとも液体の水と、地球の生物を構成しているアミノ酸などの有機物、そして有機物が合成される環境条件がそろっている必要があります。

　19 世紀頃から、地球の生命の起源と地球で最初に生命が誕生した場所はどこなのかを探る研究が行われてきました。近年、隕石や小惑星などにも有機物が発見されており、生命の起源は地球外にあるという説もあります。彗星に探査機を送り、水やアミノ酸などの生命の元になる物質を探す調査もたくさん進められています。小惑星や彗星などの飛来物が地球の生命物質もしくは生命をもたらしたとする説も有力になっています。

(4) 海の存在

　私たちをはじめ多くの生物の体液は塩分を含んでおり、私たちの祖先が海から生まれたことを暗示します。実際、生命誕生には水の存在が必須と考えられることから、太古の地球において、海は有力な生命の誕生の場所であったと考えられます。生命誕生の場が海であったとしたら「海」の存在には次のような意義があります。

① 　原始の地球大気は二酸化炭素を非常に多く含んでおり、100気圧近くであったと考えられている。海ができることによって多くの二酸化炭素が吸収され、大気の気圧が下がるとともに温室効果が和らげられる。同時に、海に大量の炭素源が供給される。

② 　液体の水の**蒸発熱**、**比熱容量**は大きく、海水の対流、蒸発、伝熱により熱を分散することによって地球規模で温度変化が和らげられる。

③ 　海（水）は生命に関わる多くの材料物質を溶かし込み、多様な物質の接触、反応、進化が起こる場を提供する。

④ 　水は強い紫外線を吸収するため、海中の有機物は太陽の紫外線による分解を逃れることができる。

1・4　生命誕生の起源諸説

(1) 生命の定義

　そもそも生命とは何でしょう？　生命（生物）の定義には、①自己と非自己（外界）との境界がある、②外界から物質やエネルギーを取り込み代謝がある、③自分を複製する機構を有する、④進化する、などがあり、具体的な条件としては60項目以上あるともいわれます。地球に存在する生命はその条件を満たしているというわけです。

　物質で構成される生物は、その誕生とともに必要な物質を取り込み、体内の反応によって必要なものを取り出したりつくり出したりして、不要なものは排出するという代謝メカニズムを有します。そして、絶えず細胞のコピーをつくり更新しながら、一生を終えるまでこれが定常的に行われます。**図1・6**に人の細胞の中にある物質のおおよその組成を示します。細胞の中には6割の水のほかに、タ

ンパク質、脂質、核酸、炭水化物などの有機物と少しの無機塩類があります。い
ずれも生命においてさまざまな役割を担う重要な物質です。自然の中で生物が生
きるためには、必要な物質が絶えず供給されるような自然のしくみも必要になり
ます。したがって、自然の物質循環構造や生態系（食物連鎖のような相互依存関
係など）の存在は、生命の存続において欠くことのできない重要な条件になりま
す。

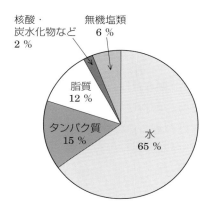

図1・6 人の細胞中の成分組成

（2）起源物質

　生命の起源研究では、元になる有機物はいつどこでどのようにできたのか？
有機物（物質）からどのようにして生命になったのか？　という謎の答えを導か
なければなりません。元になる物質の起源と進化の場が地球か地球外なのか、そ
れとも両方なのかといったことが議論されています。**図1・7** に生命の起源説の
体系を示します。まず、無機物質から何らかの化学反応により簡単な低分子の有
機物質が合成され、次いでその有機物質から複雑な物質が生まれ、その物質群か
ら生命が誕生するまでの物質の進化と役割を考えます。この物質の進化を**化学進
化**と呼びます。

　地球の生物（地球型生物）は、自己複製のメカニズムとして生命に必要な物質
情報を備えた「**核酸**」を有し、体内反応をつかさどる酵素などの物質として「**タ
ンパク質**」を利用しています。核酸（DNA）のヌクレオチドにある塩基の配列

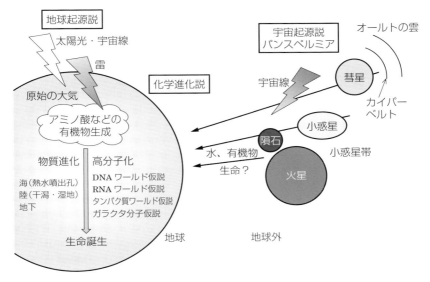

図1・7●生命の起源説の体系

で形成される遺伝情報を基に、自己複製したりタンパク質を合成したりしています（**図1・8**）。タンパク質を合成する際に、その設計図となる情報をDNAから読み取り、RNAという物質をつくります。このRNAの**塩基配列**に対応するアミノ酸を順番に並べて、結合した高分子を合成することによってタンパク質をつくります。この遺伝情報の流れの原則は**セントラルドグマ**と呼ばれます。タンパク質はアミノ酸、核酸はヌクレオチドがそれぞれ重合した高分子なので、アミノ酸やヌクレオチドがどのようにしてできたのかを化学的に説明しようと試みられています。また、これらの物質がどのようにして高分子化できたのか、どうやって生命のしくみを獲得したのか説明するシナリオがいろいろと考えられています。

（3）地球起源説

　地球で生命の元になる物質が生まれ、これが進化してやがて地球に生命が生まれたとする考え方を**地球起源説**といいます。生命の元になる有機物の生成に関する研究は1970年代の研究に始まり、ソ連の生化学者オパーリンの「生命の起源説」（1924年）、イギリスの生物学者ホールデンの「原始のスープ」（1928年）、

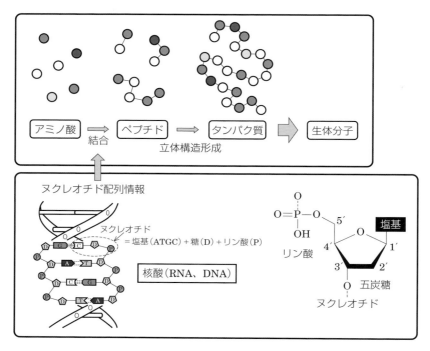

図 1・8 生命の基本物質

アメリカの科学者ミラーの「原始大気アミノ酸生成」（1953 年）などの実験・仮説に代表されます。地球型生命はアミノ酸分子をたくさん利用していることから、これらの実験は「原始の地球を模擬した環境条件で生命の起源となる物質は合成されるのか」という疑問に答える実験的アプローチでした。例えば、ミラーの実験では、無機物である水素（H_2）、メタン（CH_4）、アンモニア（NH_3）、二酸化炭素（CO_2）、水（H_2O）の混合ガスに放電し、7 種類のアミノ酸が合成されることを確認しています。この結果は、水素、メタン、アンモニアといった強還元型成分[*3] を原始の地球大気と想定すると、原始の大気で非生物的に有機物（アミノ酸）やシアン化水素が生成し得るということを実験的に示したものです。その後の科学の進歩によって原始の地球大気は強還元型よりも二酸化炭素や窒素などの中性型大気や弱還元型大気に近いと考えられるようになり、この化学進化

---

*3　還元力が強い物質のことで、具体的には物質から酸素を奪う力が強いものなどがこれにあたる。

説の想定シナリオに疑問が生じています。しかしながら、生命の起源を探求する先駆的でとても興味深い研究であることには変わりありません。1997年、小林らによって原始地球大気が弱還元型の CO_2、CO、N_2、H_2O のようなガス組成の場合にも宇宙線によりアミノ酸が生成することが確かめられました。また、干潟説、鉱物表面説、表面代謝説などにより、旧来の地球起源説では説明し得なかった化学進化の道筋が唱えられ、化学進化説は新しい観点で注目されています。

（4）宇宙起源説

　近年、宇宙科学や生命科学の進歩により、**宇宙起源説**（パンスペルミア）が有力な候補として考えられるようになりました。月にクレーターがたくさんあることからもわかるように、地球が誕生したのちも小惑星や彗星などの衝突がたくさんあったようです。これによって有機物や水（すなわち C、H、O の各元素）が地球にもたらされ、生命分子の源になったと考える説です。実際、隕石、小惑星、彗星などから水分子、アミノ酸や糖などの有機物が発見されています。天体観測において星々からやってくる光のスペクトル分析によって有機物の存在が示唆される例もあり、銀河の世界では低分子の有機物の存在は珍しくないようです。南極で発見された火星の隕石には、微生物の化石に似た構造も発見されています。しかしながら、2020年現在、生命体は発見されていません。

（5）生命の起源

　生命の誕生には「材料となる物質」「水」「化学反応のエネルギー源」が必要です。生命の起源はこの条件がそろう場所であると考えるのは自然なことでしょう。地球の生命は核酸とタンパク質を利用することから、ヌクレオチドの原料やアミノ酸などが得られ、次いで生体分子へと高分子化され、さらにこれらを取り囲むようにして細胞のようなカプセル構造体が形成するという条件がそろう環境が、生命の起源の地だろうと考えるのです。このような条件を有する場所として、**海底熱水噴出孔**（海底熱水環境）、陸上の湿地、湖などが考えられています。

　現在観測できる海底火山から湧き出る熱水噴出孔は、還元性火山ガス（H_2、CH_4、H_2S）の濃度が高く、反応性に富む高温急冷の場であり、化学反応を触媒しそうな多孔質鉱物が存在することも考慮すると、生命起源の場所として有力な

ものであると考えられます。この熱水噴出孔は、原始の地球の環境に似ていると考えられ、この熱水環境でも有機物が合成され得ることがわかってから注目されるようになりました。この説に対しては、海の場合は水が多すぎるため、高分子化の重合反応や細胞膜のようなカプセル化が起こりにくいという反論もあります。しかし、現在も海底に見られる熱水噴出孔（チムニー）付近には高温でも生息する微生物や上位の動物が発見されているという事実からも、熱水噴出孔起源説は、なおも有力なものであると考えられます。

　近年は**陸上起源説**が生命起源の仮説として提唱されています。陸上といっても、水があって**干湿サイクル**がある**温泉**や**間欠泉**のような環境です。温泉の地下から湧き出す熱水にはミネラル、無機塩類、有機物が溶け込んでいます。陸上で干湿サイクルがある場所では、水たまりが乾燥するときには水中に溶存する物質が濃縮され反応しやすい（例えば重合して高分子を合成する）環境が生まれ、膜をつくるような分子が溶存すれば水たまりが干上がる過程で鉱物表面上に乾燥膜を形成しやすくなると考えます。これは、乾燥する過程で溶質分子が集まってくるからです。膜を形成する過程では濃縮された物質を取り込むことも考えられます。ここでいう膜とは、顕微鏡で観察しないと見えないくらいの小さな膜です。鉱物などの表面上に濃縮すれば、温泉の熱とある種の鉱物の触媒機能によって有機物の高分子化（重合反応）が起こる可能性もあります。環境が再び湿潤になると膜は水の中でより秩序化し、干湿サイクルが繰り返されることによって、何層にも膜が重なり、膜のゲル相に有機物が内包されたり膜のつくるコンパートメントに有機物が固定されるといった構造ができたのではないかというわけです。

　温泉や間欠泉に由来する水たまりの干湿サイクルによって起源物質が濃縮され、温泉の熱や鉱物の触媒作用によって高分子化する機会を獲得し、また、干湿サイクルによって膜の中に高分子を内包されるしくみができたと考えるのが陸上起源説の特徴です。このシナリオを検証すべく、アメリカのディーマーらは雰囲気を模擬した実験を行い、ヌクレオチドの重合体（高分子）を内包した脂質コンパートメント（カプセル）が多数できることを報告しています。現代は工業的に液体を内包した高分子膜カプセルを作製する技術があります。このカプセルを**ベシクル**（もしくは**リポソーム**）と呼びます。このカプセルをつくるときも温度や溶質濃度は重要な条件になり、条件さえ整えば分子は自律的に組織化（自己組織

化）して液体を内包したカプセルがつくられます。

　近年、地下水が存在する地下深くには私たちが想像もしなかった微生物がたくさんいる場所があることもわかってきました。**パークバクテリア**と名づけられたこの微生物は、一般的に知られている微生物とは異なり、物理的サイズもゲノム*4 サイズも小さく、生物に必須とされる遺伝子の多くが欠落し、普通の生物が生きていけない地下深部に生息するメジャーな微生物です。地下深部といえども、地下水、橄欖石(かんらん)と水との反応による蛇紋岩化反応(じゃもん)による水素やメタン生成（エネルギー源）、ミネラルの溶出供給といった生命誕生に必要と思われる条件がそろっています。不完全な微生物が、条件のそろった地下深くにたくさん存在していることから、地下も注目されています。

(6) 生命への飛躍

　起源となる物質が生成し得ることが確認できても、そこからいかにしてタンパク質や核酸などの大きな分子（高分子）ができたのか、物質からどのように生命に飛躍したのかという疑問の答えはいまだ不明です。

　小さな分子が進化し、やがて生命に飛躍する高次な高分子を生み出していくという階層的な化学進化は果たして起こり得るのでしょうか。いきなりアミノ酸が重合して高次の立体構造を有するタンパク質（化学反応の触媒）や、ヌクレオチドが重合した DNA（自己複製に必要な設計図）という複雑な高分子を生み出すことは難しいと考えられます。

　タンパク質と DNA の両方の役割を有する RNA のような物質の出現により生命誕生につながったとする **RNA ワールド仮説**（1986 年）や、RNA よりも簡単にできそうなタンパク質から始まったとする**タンパク質ワールド仮説**などが提唱されています。このほか、いろいろな高分子（ガラクタ分子と呼んでいる）がさまざまに合成され、その中に不完全ながらも生命に関わる物質ができて、そこから生命へ進化したと考える説も提案されています。

　どこで何ができてどのように生命にまで進化したのかというボトムアップアプローチとは全く逆に、生物が共通の祖先（**最終共通祖先 LUCA**）から進化して

＊4　ゲノム：生物のもつすべての核酸上の遺伝情報。ゲノムサイズとは DNA の塩基対の数を指す。

きたものと考え、現在の生物の DNA に刻まれたヌクレオチドの配列情報をもとに共通する祖先の生体物質を推測するトップダウンアプローチの研究もなされています。

1・5　地球外生命の探査

　地球だけが特別な存在なのでしょうか。20 世紀になり、科学的研究の発展と高度な天体観測、生命科学の進歩などによって地球外生命の存在の可能性がにわかに信じられるようになってきました。実際に送りこまれた探査機による観測で具体的に見えてきた太陽系惑星の姿は、私たちの宇宙観を大きく変えてきました。

　アメリカ航空宇宙局 NASA が送り込んだ土星探査機カッシーニは、土星の衛星エンケラドスの表面から水を含む蒸気（プルーム）が噴出していることや、地表の厚い氷の下に液体の水（海）が存在する証拠を見つけています。木星の衛星エウロパでは宇宙に向けて噴出する大規模な間欠泉が存在することが発見され、地下に大きな海が存在することがわかりました。火星探査では、2004 年に探査機オポチュニテイが着陸し、かつて大量の水があった痕跡を発見しています。2008 年に着陸した探査機フェニックスは、地下に大量の水が存在することを発見しています。2012 年には探査ローバーキュリオシテイが着陸し、火星で生命が存在可能か調査しています。あるクレーターの岩石から種々の有機分子を、かつて湖の底だったと考えられる地層や大気からはメタンを検出しています。火星の地下には大量の氷や水が存在するようです。日本は小惑星に探査機を送り込み、太陽系の起源・進化や生命の原材料物質の解明を試みています。

　地球外生命の探索では、生命が生まれ得る環境の存在を見いだすことが重要になります。有機物とそれが反応する場の存在（液体の水、大気組成、熱源など）がこれにあたります（**図 1・9**）。探査項目は生命誕生のシナリオに依存します。

　探査機を送り込むことが可能な場所ならば多くの情報を実測することができますが、今のところそれができるのはせいぜい太陽系の天体だけです。はるか遠くにある天体の場合には、惑星がまわる中心恒星の存在や星の大きさ、星の発する光の**スペクトル分析**に基づく構成（存在）物質の推定などによって観測がなされています。

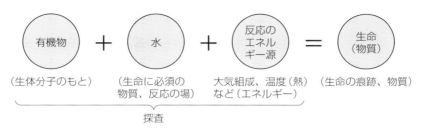

図 1・9 ● 地球型生命誕生の要件

　物質は元素や温度に依存して固有の光を吸収したり発光したりします。この性質を利用すると、遠くに離れている天体でもその場所の環境や構成物質の情報を光のスペクトル分析によって得ることが可能です。図 1・10 に JAXA によって得られた大マゼラン雲の光のスペクトルの例を示します。スペクトルから水、一酸化炭素、シアン化水素、アセチレンなどの存在が認められます。近年、太陽系外で生命存在の可能性が期待される地球型惑星がいくつも発見されています。

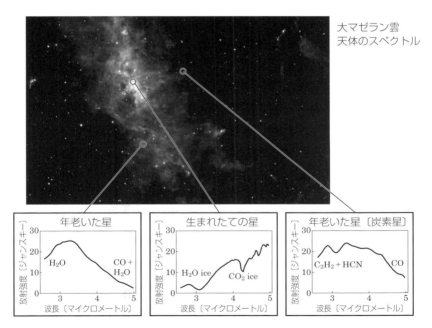

図 1・10 ● スペクトル分析

（下西　隆ほか、「『あかり』による大マゼラン雲の赤外線天体カタログ、世界へ向けて公開」、2013（JAXA 提供））

コラム　科学の信頼性

　科学の理解、特に生命の起源など確定的な証拠をそろえることが困難な事柄については（すでに大昔の出来事であり、時間は遡れないことゆえ）、どうしてもシナリオ推定をすることになります。シナリオを想定し、そのシナリオを裏付ける証拠を蓄積して、確からしさを検証・論証するというアプローチです。ときには、間違った推論を押し固める形で証拠が集められる（非意図的）こともあり得ます。

　多くの科学者が支持するほどシナリオ（仮説）は正しいと考えられるようになると思います。大勢が信じたとしても、ある日、別の新証拠が発見されたり、より論理的な、もしくは説得力のある説が誕生したりすることによって全く異なる方向に理解が覆ることもあります。つまり、この手の不確定要素の多いテーマは常に絶対的な理解ではないことを認識しておく必要があります。

　確からしさを高めるためにも、現在ある科学的知見を背景とする理解と判断（矛盾なく整合性があって、論理の飛躍・欠如がないときにこそ正しいだろうと理解する捉え方）が必要だと思います。

　一方、自分で見たことも経験したこともない事柄については（書物や何らかの情報源、教育によって知り得た知識など）、決定論的にあたかも当然のことのように伝えるのは注意が必要です。

章 末 問 題

- **1.** 生命が誕生する惑星になった地球の恵まれた条件について、液体の水の存在との関わりについて考察せよ。
- **2.** 生命の起源を考えるときに、遺伝情報の流れに関する基本原則（セントラルドグマ）を考慮する理由を考察せよ。
- **3.** 生命の起源に関する丸山らが提唱する ABEL モデル、ハビタブルトリニティモデルについて調べてみよ。
- **4.** 日本の小惑星探査機はやぶさや、はやぶさ 2 の探査について調べよ（探査対象の小惑星の起源、探査項目や成果など）。
- **5.** 同位体分析で物質の起源を調べたり年代測定ができる原理を調べよ。
- **6.** 物質の同定に利用されるスペクトルとはどのようなものか調べよ。
- **7.** DNA、RNA、タンパク質ワールド仮説のうち、RNA ワールド仮説が支持を得ている理由を考察せよ。

2章 水という物質の科学

　この世界にいろいろな物質が存在する中で、水は生命・人間と深く永く関わる代表的な物質の一つです。地球が奇跡の星と呼ばれるゆえんは、大量の液体の水と生命が存在するからでしょう。水は他の物質とは異なる特異的な性質を有する物質で、地球の環境、生命、文明にとても重要な役割を果たしています。この役割を意識しつつ、本章では水という物質の特性を学びます。

2·1　構造と特異な性質

(1) 水の構造

　水分子は、酸素原子 1 個と水素原子 2 個が共有結合することによってできた化合物です。各原子を球体で近似するモデルで書き表すと**図 2·1**（a）のようになります。酸素原子の半径は 0.14 nm（1 nm（ナノメートル）は 10^{-9} m）、水素原子の半径は 0.12 nm です。O-H 間の結合距離は 0.096 nm、H-O-H の結合角度はおよそ 104.5° です。

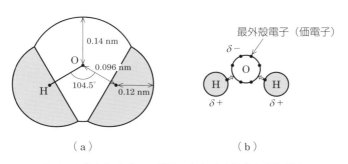

（a）　　　　　　　　　　　（b）

図 2·1 ● (a) 水分子の構造、(b) 共有結合と分極構造

　酸素原子の最外殻（一番外側の電子軌道）をまわる電子は6個あり、うち2個は不対電子[*1]です。水素の不対電子が酸素の不対電子と共有することでO-H結合し、水分子を形成します。酸素の最外殻電子軌道には電子は8個まで入ることができるため電子を引きつける力が強く、共有した水素の電子は酸素に強く引き寄せられます。この結果、水素原子はわずかに正の電荷（電気的にプラス）を帯びるようになり、一方、酸素原子は電子の数が増加するためわずかに負の電荷（電気的にマイナス）を帯びるようになります（図2・1（b））。

　共有電子を引き寄せる強さを電気陰性度と呼びますが、水素は電気陰性度が小さく、酸素は電気陰性度が大きい原子です。分子の内部で電荷の隔たりが生じることを分極と呼び、分極する分子を**極性分子**と呼びます。氷の結晶を形成する際には、水分子のこの極性に基づく結合の方向性から、六角形の水の結晶構造を形成します。氷の結晶については、5章で詳細に説明します。

（2）構造から生まれる特性

　水にはその構造に由来するさまざまな特異的な性質があります（**表2・1**）。以下、水の性質とその特異性について解説します。

　（a）水素結合

　水分子の分極構造により、水分子間には方向性の強い引力（双極子[*2]-双極子間引力）が働くため、水分子どうしの結合を生じます。**図2・2**に示すように、酸素原子は他の水分子の水素原子と引き合い、水素原子は他の水分子の酸素原子と引き合うことによって水分子どうしが互いに引き合います。この結合を**水素結合**と呼びます。水素結合は分子間に働く相互作用としては弱い引力相互作用（2〜5 kcal/mol 程度の強さ）であり、他の相互作用に比べ分子間の結合方向性のある相互作用です。

---

*1　不対電子：分子や原子において最も外側の電子軌道（最外殻軌道）に位置する、電子対をなしていない電子のこと。一つの電子軌道にはスピン符号の異なる電子が2個まで入ることができる。共有結合をなしている電子対や共有結合に関与しない孤立電子対に比べ化学的に不安定であり反応性が高い。

*2　双極子：分子内で電子分布の偏りによって生じる正負の電荷の対のこと。

表2・1●水の特性（1気圧下における物性）

記号	H$_2$O	比誘電率	78.5（液体で最大）
分子量	18.015	光吸収	紫外・赤外吸収あり
密度	〜0.999972 g/cm^3（4℃最大） 0.917 g/cm^3（氷0℃）	粘度	0.001 Pa・s（20℃） 0.00055 Pa・s（50℃）
比熱容量	4.186 J/(g・K)（15℃） 2.1 J/(g・K)（氷0℃）	イオン積	1.0×10^{-14} mol^2/L^2 （25℃）
融点	0℃（273.15 K）	表面張力	72.75×10^{-3} N/m（20℃） ※液体で最大（液体金属 を除く）
沸点	100℃（373.15 K）	熱伝導率	0.59 W/(m・K)（20℃） 2.2 W/(m・K)（氷0℃）
融解熱 （融解潜熱）	6.01 kJ/mol（NH$_3$に次ぐ） ＝334 kJ/kg	蒸発熱 （蒸発潜熱）	40.7 kJ/mol ＝2,256 kJ/kg

・表の単位：mol（モル）：物質量の単位で、1 mol は物質の構成要素がアボガドロ数
　（6×10^{23} 個）含まれていることを意味する。
・J（ジュール）：エネルギーの単位で、1 J ＝ 1 Nm ＝ 1 Ws ＝ 0.239 cal
・K（ケルビン）：絶対温度の単位で、0℃ ＝ 273.15 K
・Pa（パスカル）：圧力の単位で、1 気圧〔atm〕＝ 1013.25 バール〔bar〕＝ 0.101 メガパス
　カル〔MPa〕
・N（ニュートン）：力の単位で、質量 1 kg の物体に 1 m/s^2 の加速度を生じさせる力が 1 N

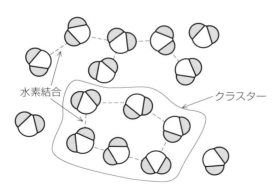

図2・2●水分子の水素結合とクラスター構造

（b）クラスター構造

　水素結合している水分子は、非常に短い時間で入れ替わり運動している数〜
数十個の水分子の集合体（**クラスター**）を形成していると考えられます（図2・2）。

短時間で入れ替わり水素結合する現象は動的水和と呼ばれ、水の特異な性質の一つになっています。同種の分子が互いの分子間力によって複数結合することを**会合**と呼び、そのような性質を**会合性**といいます。集合体を形成していることにより、水の相変化（固体 ⇄ 液体 ⇄ 気体）には水素結合に基づく相互作用に相応するエネルギーが必要となるわけです。これは、分子量が小さく単純な分子構造にもかかわらず水分子の特異な性質を生み出す構造的な理由になっています。

　この水素結合により形成されるクラスター構造は、3次元的な水のネットワーク構造形成を導くものです。水のいろいろな特異性は、水素結合に基づくクラスター形成に起因するという考え方で定性的に理解できることが多いです。

（c）水の状態

　水の**三態**における水分子の状態イメージを**図2・3**に示します。各相の相違は分子論的に見ると水分子の集合状態の相違です。

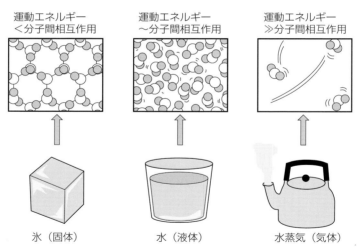

図2・3 ◉水の三態における水分子のイメージ

　図2・4に水の相変化の名称を示します。気体-液体間の相変化を**蒸発**（気化）・**凝縮**（液化）、液体-固体間の相変化を**融解・凝固**（凍結）、気体-固体間の相変化を**昇華**といいます。昇華はフリーズドライ（凍結乾燥）などに利用されている水の相変化のルートで、**図2・5**に示す相図上において記号 A で示す相変化です。

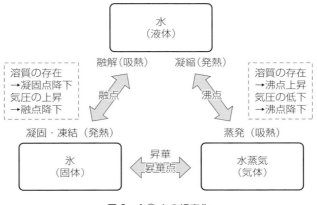

図 2・4 ◉ 水の相変化

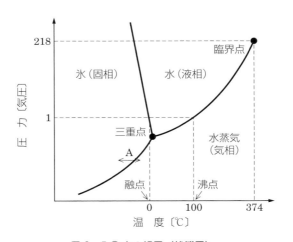

図 2・5 ◉ 水の相図（状態図）

　誰もが知っているように、1 気圧における水の沸点は 100 ℃、融点は 0 ℃です。水は 374 ℃、218 気圧で液体と気体の性質を併せもった状態の流体となります。この条件以上の温度、圧力では **超臨界状態** と呼ばれ、固体・液体・気体の区別がつかない相になり、通常の水と比べ浸透力・溶解力・反応性が高くなります（図 2・5）。

　地球の環境温度条件で三態の変化ができる物質はほとんどありません。水分子に限らず、分子はその熱運動によって絶えず動いています（分子運動）。このた

め、水素結合している水分子は、分子自身の**熱運動**と水素結合に起因する**分子間力**（引力）のバランスによってその相（固体、液体、気体）が決まります。

　一般的には、物質は固体のほうが液体よりも密度が大きくなりますが、水の場合は全く逆です。低温では水分子の熱運動のエネルギーは小さく、水素結合により分子間にはたらく引力相互作用の力（分子間相互作用）を上まわることがなければ水分子どうしは互いに会合しています。運動エネルギーが小さくなる氷点下では秩序ある規則的な会合構造を形成します。水分子のH-O-H結合が104.5°の角度を有することから、水素結合によって、氷（固体の水）は六角形（ヘキサゴナル）の結晶構造を形成します。このため、氷は水に比べ隙間の多い構造に変わり、密度が水よりも8％小さくなります。このことが水よりも氷が軽くなる（密度が小さくなる）理由です（図2・3参照）。

　液体の水の場合は、水分子の運動エネルギーが氷の場合よりも大きくなり（氷の状態よりも温度が高いことによる）、水分子は絶えず相互作用する相手を変えながら会合するようになります。これが液体となるゆえんです。

　水の温度が上昇すると、熱エネルギーを得た水分子の運動エネルギーがさらに大きくなり、一層、頻繁に相手を変えながら激しく熱運動するようになります。運動エネルギーが水分子間の引力相互作用よりも大きくなり、水分子が動きまわる距離が大きくなるため液体の体積は増加します。さらに温度が上昇すると、引力相互作用を完全に振り切って運動するようになります。これが水の沸騰（気化）です。沸騰するときには一気に体積が膨張することになり、その際に大きな仕事をすることが可能となります。水の沸騰により、やかんの蓋が持ち上がる現象（仕事）はまさに、この水分子の気化に伴う体積膨張によるものです。

　圧力増加による凝固点・融点降下は氷特有の現象です。氷は液体の水よりも体積が大きくなるからです。しかし、非常に高圧になると凝固効果が起こるうえ、生成する氷の密度は水よりも大きくなるため水に沈む氷になります。

（d）比熱容量

　1gの水を1℃温度上昇させるのに必要な熱を**比熱容量**といいます。水の比熱容量は液体の中で最も高いものです。このことは、重さ基準で考えると水は他の液体に比べ温めにくいということを意味し、温められた水は冷めにくいということになります。

（e）潜　熱

水が相変化する際には、温度は変わらず熱の吸収・放出が起こります。この熱を、**潜熱**と呼びます。それぞれ相変化に応じて、融解・凝固熱（固体⇄液体）、蒸発・凝縮熱（液体⇄気体）、昇華熱（固体⇄気体）と呼びます。液体→気体変化や固体→気体変化は気化ともいい、そのときの熱は気化熱ともいいます。

例えば、水が沸騰して気体に相変化する場合の潜熱（蒸発熱）は、液体の水分子間の水素結合を振り切って気相中に飛び出すエネルギーに相当します。水分子は水素結合による会合があるため、相変化には会合のエネルギー分も必要となり他の液体に比べ潜熱が大きいことになります。水の場合は潜熱が大きいため、蒸発しにくく凍りにくいということになります。相変化する温度は気圧に依存します。気圧が低いところでは潜熱も小さくなります。

（f）表面張力

表面張力とは、液体がその表面を小さくしようとする力のことをいいます。液体分子の分子間相互作用に起因するもので、水滴が丸くなるのも表面張力によるものです。表面積を小さくするほうがエネルギー的に低く安定な状態になるため、このような性質が生まれます。水銀を除いて、水は表面張力が最も大きな液体です。水銀の場合は水銀原子どうしが金属結合という強い結合をしていることに起因し表面張力が大きくなっています。

表面張力も、水分子が水素結合によって互いに引力相互作用しているために起こります。水の温度が高くなると、水分子の運動がより活発になるため水素結合が切れやすくなり、分子間力が弱まるため表面張力も小さくなります。細いガラス管の中を水が上昇する**毛細管現象**もこの表面張力が関係しています。

（g）誘電率、溶解力

誘電率は電荷の偏在の誘発しやすさを示す指標で、ものを溶かす能力（溶解力）の指標になります。この値が大きいほど分極が大きいということを意味し、極性物質を溶かしやすいということになります。

水の比誘電率（真空の誘電率に対する比）は液体で最大です。溶けるという現象は、水になじむ、水がなじむということと同じです。溶質に水分子が**水和**（吸着）することによって水に溶け込みます。したがって、水分子が水和しない物質は水に溶けにくいことになります。

極性分子である水分子が吸着しやすい物質は、同様に極性基を有するもの、イオン結合性物質などです。しかし、非常に長い時間をかけると、水はほとんどすべての物質を溶かすといわれます。例えば、水は、微量ですがゆっくりと時間をかけて岩石成分を溶かし出します。現在の地球の景観の中には水の溶解・浸食作用によってできたものがたくさんあります。

（h）熱伝導率

熱伝導率とは、熱の伝わりやすさを表し、ひいては熱の溜め込みやすさの指標であり、熱伝導率が大きいほど熱は伝わりやすいことになります。調理師が銅の鍋を好む理由は、銅の熱伝導率が高いため、加熱が均一となり手早く調理できることが挙げられます。水の熱伝導率は 0.59 W/(m·K)（20℃）で、金属に比べるととても小さくガラスと同程度です。しかし、水は氷になると熱伝導率が大きくなります。

（i）光吸収

図 2・6 に光（電磁波）の波長・周波数と分類の関係を示します。光にはいろいろな種類があり、波長や周波数（振動数）によって区別できます。光には波の性質と粒子の性質があり、自然の現象を説明する際にはそれぞれの性質を利用して解釈ができます。1 章で紹介したように、物質には固有の光吸収、反射・透過・回折・発光特性があるので、その特性を利用して物質を同定することも可能です。波長-強度関係を表す分布を**スペクトル**と呼びます。この概念を用いると、

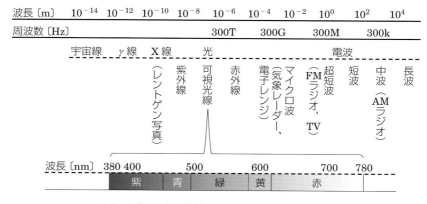

図 2・6 ● 光（電磁波）のスペクトルの波長と種類

光のスペクトルから物質を同定したり環境で起きている現象を解析することが可能です。

　図 2・7 に地球の大気の太陽光吸収スペクトルを示します。太陽光のスペクトルを大気圏外と地上とで比較すると、図中の灰色部のように大気中の水や二酸化炭素による吸収があることがわかります。水は可視光成分の波長の長い赤色光や、赤外光を吸収します。光の波は別の言い方をすれば電磁場の振動を意味するので、極性を有する水分子は電磁場の振動に応じて運動（振動）することになります。水分子には三つのモードの基本分子振動があり、この振動周波数には赤外線の周波数に相当するものがあります。このため、赤外線を吸収して共振する性質が現れます。この性質による赤外線吸収スペクトル（例えば波長 1,400 nm の光）をもとに水（水蒸気）の存在や状態を把握することが可能です。同様に、高磁場をかけることによって水の水素原子核の**核磁気共鳴**が起こる性質を利用した核磁気共鳴イメージング（**MRI**）などの観測手法があります。脳の病気の診察・診断など、非侵襲で人の体の中のようすを観察する医療にも利用されています。

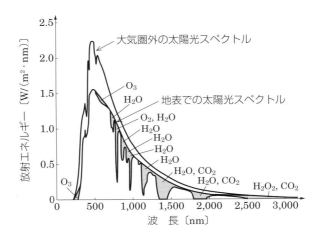

図 2・7 ● 水分子の光吸収スペクトル（太陽光の放射スペクトルと地球大気での吸収スペクトルの比較）
（出典：J. P. Peixoto and A. H. Oort, Physics of Climate, American Institute of Physics, New York, 1992）

2·2 特異性がもたらすこと

（1）自然における役割

　水の特異な性質は、自然や生命におけるさまざまな点において重要な役割を担っています。水の光吸収特性により、大気中の水蒸気は地球の放射赤外線を吸収して温室効果を生みます。この温室効果により地球の気候は温暖に保たれ、地表の平均気温を 15 ℃程度に保つことができると考えられています。温室効果がなければ、地表の温度は − 19 ℃くらいになると見積もられています。

　大気によるこの熱しにくく冷めにくくなるしくみは、地球の気候緩和（大きな変動の抑制）に寄与しています。地球の環境温度条件下で相変化する（三態変化がある）性質により、太陽エネルギーの運搬、環境中の拡散・滞留、地表における大規模で多様な水循環が生まれます。循環によって水は大地を潤します。表面張力が大きいという性質は土壌を湿潤し、淡水の滞留を促します。いろいろな物質を溶かし込んで海に流れ着くことで海の成分を豊かにし、そこからまた多様な物質循環を生みます。大地の Na（ナトリウム）と大気の塩素を溶かして塩分に富む海ができたという説もあります。水環境が凍る場合には水面から凍ります。氷の密度が水よりも小さいことにより、海底や水底は凍りにくくなります。氷が水よりも重かったら水環境は氷河期に凍り尽くしてしまったかもしれません。氷が水面にできることによって一種の断熱バリアとなり、下層の水は凍りにくくなります。海に住む生命にとっては幸運なことでしょう。水の流れは山をけずり、土砂を運び、肥沃な平野（流域）を形成します。地球の今ある風景や環境は水の存在によって生まれる世界そのものです。

（2）生物における役割

　生物にとって、ほとんどの物質は溶存形態で生命活動に利用できるものになります。水が物質を溶かし込む性質は、外界から物質を取り込み、体内の隅々に運び（表面張力の寄与）、不要なものを回収し廃棄する（体外に排泄する）といった物質フローを可能にします。生命はこの物質フローを支える水による循環システムを備えているといえます。

　水は生命に必要な物質を溶解・搬送し、生命に必要なものをつくる反応の場を

提供し、ときにはその反応に関与するとても便利な媒体であり、生物の代謝において必要不可欠です。比熱容量が大きいことは体温の変動を抑え体温を一定に保つのに寄与しています。凝固熱が大きく熱伝導率が小さいことは、組織が氷結したり破壊されたりするのを防いでくれます。蒸発熱（気化熱）が大きいことは発汗による効率的な体温調整を可能とします。表面張力が大きいことから、**毛細管現象**により体の末端まで血液、体液を行き渡らせることを可能にしています。分子論的には水分子の吸着力（水和）や水のクラスター形成によって、タンパク質や細胞膜などの生体物質の立体的構造安定性に寄与しています。

(3) 暮らしにおける効用

　水の物質を溶かす能力や粘性流れ*3 は洗濯、洗浄、水洗トイレなど、文明にとって日常欠かすことのできない用途に利用されています。

　熱エネルギーを**力学的エネルギー**に変換する物質として水が利用されています。水（水蒸気）の体積膨張を利用して仕事をさせます。蒸発潜熱や比熱容量が大きいということは、高温の水蒸気は大きなエネルギーを有することを意味し、大きな仕事をさせることができます。蒸気機関、蒸気タービンはこの代表例です。

　波長 12.2 cm、周波数 2.45 GHz（ギガヘルツ）の電磁波は 1 秒間に 24 億 5,000万回振動する短い波長の電磁波であり、水分子が吸収しやすい波長です。水分子はあらゆる食品に多量に含まれることから、その水に着目して電磁波で加熱するという発想から生まれたのが電子レンジです。吸収した電磁波のエネルギー分だけ水分子は温まり熱振動を増します。これは、水分子が有する極性（酸素が少しだけ電気的にマイナスを帯び、水素が少しだけプラスを帯びていること）と水分子の動きやすい振動数を利用した現代科学技術の一つです。

　食品を冷凍させて保存するというのは、食品組成の多くが水であることを考えると理にかなっています。食品の冷凍は、低温にすることによって食品成分の有機物を分解する酵素反応などを遅くするということのほか、大量の食品中の水分を氷（固体）にすることによって物質の移動を妨げ、そのことによって微生物の増殖反応や動きを抑制できます。従来の冷凍技術は、食品中に形成する氷晶の成

＊3　流体の流れのなかで粘性の性質を伴う流れのことをいう。

長により発生する食品の組織破壊が品質低下を招きましたが、近年は氷の構造と結晶（氷晶）成長のメカニズムが解明され、食品組織を破壊しない冷凍技術が普及しています。

　水分子の双極子が高磁場で配向する性質やX線吸収特性は非破壊のイメージング分析などに利用されています。

　このように、私たちの暮らしの中で水のいろいろな性質を利用したものがたくさんあることがおわかりいただけると思います。

章 末 問 題

- **1.** 水は分子量が同程度の他の液体に比べて沸点が高いこと、H_2S、H_2Se、H_2Teといった分子量の大きい類似の物質と比べても沸点が高いことを調べ、その理由を考察せよ。
- **2.** 水分子と同じように不対電子を共有して結合している CO_2 は極性分子ではない。その理由を調べよ。
- **3.** 物質が水に溶けるという現象を理解するため、食塩と砂糖が水に溶けるしくみを調べよ。
- **4.** 水の過冷却現象とは何か調べよ。また、水の凍結温度が環境条件（溶存溶質量、圧力など）や測定方法の影響を受ける理由を考察せよ。
- **5.** ジュースを凍らせると溶存成分が氷と分離するのはなぜか調べよ。
- **6.** 電子レンジで食品を加熱することができるしくみを調べよ。
- **7.** 暮らしの中で水の特性を利用しているものをいろいろと調べてみよ。

3章
地球の水の姿

　自然の水はどこでどのような様相を呈し、自然においてどのような機能や役割を担っているのでしょうか。本章では、地球の水の実態として地球の水の分布、規模や存在形態、水がどのように動き変化をしているのかといった動態とそのしくみを解説し、水の特性と機能や役割について紹介します。

3·1　水の分布

　地球上の水は固体（氷）が 1.7 %、液体（水）が 98.3 %、気体（水蒸気）が 0.01 % 程の割合で存在します。総量ではおよそ 13.8 億立方キロメートル〔km³〕になりますが、これは地球の重さの 0.023 % 程度です。乾いた砂の中にも 15 % くらいの水分を含むものもあり、地球上には至る所に水があるといえます。

　図 3·1 に示すように、地球の水の約 97.5 % は **塩水** であり、残りのうちの 2.5 % 程度が淡水（陸域にある水）です。大気中に存在する気体の水（水蒸気）は 0.001 % 程度と算出されています。淡水のうち圧倒的に多いのは、氷河として

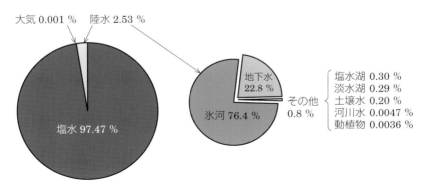

図 3·1 ● 地球の水の分布
（各数値データは「理科年表」による）

の存在であり淡水全体の 76 ％を占め、次いで地下水 23 ％です。その次に塩水湖、淡水湖とつづき、私たちが最も利用しやすい河川の水はかなり少なく 0.005 ％程度です。河川水は私たちがそのすべてを使える訳ではなく、実際に使える割合（**限界利用率**）はせいぜい 20 ％程度といわれます。結局、淡水のうち利用可能な水は地下水、河川水など約 30 ％程度であり、この地球上で私たちが使える水の量は全体から見ればごく一部であることがわかります。

3・2　地球の水の動態、循環する水

　環境中で物事が時間とともに変化する姿を**動態**といいます。地球上の水は温度や圧力に依存して固体、液体、気体に相変化し、陸、海、大気を移動しながら大規模に**循環**しています。生命にとっても文明にとっても、この自然循環はとても重要です。文明はこのしくみがなければ発展することも難しいでしょう。都市の安定と発展において、都市が利用できる水資源量を把握することはとても重要です。この意味で、水はどこからどのようにやってくるのか、その量や移動速度、貯留に要する時間などの動態（実態）を知ることが大切です。地球規模の**水循環**は、水の特性と地球の環境条件によって起こります。**図3・2**に、地球の水循環の模式図を示します。海に存在する大量の水や陸の水は、太陽エネルギー（熱）によって蒸発（気体に相変化）し大気中に水蒸気として存在します。このとき、海水から蒸発できるのは水分子だけなので、蒸発過程で海水の淡水化が行われることになります。気体になった水（水蒸気）は大気の流れによりいとも速く地球規模で移動します。やがて水蒸気が凝縮した雲が発達すると、凝縮した重い水（氷）は地球の重力によって雨や雪として地上に降下します。雨水や雪（いわゆる降水）は、河川、湖沼などを流れる表層水や地下水または氷河となり、それぞれ固有の滞留時間を経てやがて海に流出します。流出するまでの時間は水の形態や移行するルートに大きく依存します。これは絶え間なく河川の水が流れる基本的しくみの一つです。水の循環には太陽の存在がとても重要であることがわかると思います。言い方を変えれば水の循環はエネルギーを運んでいることにもなります。地球規模で水の循環を定量的に把握すれば、天の恵みたる自然の淡水をどれだけ定常的に得ることが可能かわかります。都市で実際に利用する水の量はこ

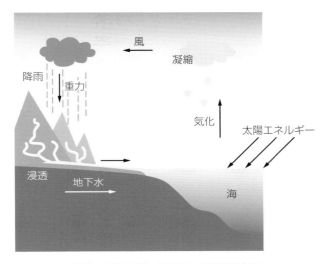

図3・2 ● 地球における水の循環模式図

表3・1 ● 地球の水の移動

	移動体積〔km³/年〕
陸→海（流出）	40,000
陸→大気（蒸発）	71,000
海→大気（蒸発）	425,000
大気→海（降水）	385,000
大気→陸（降水）	111,000

（各数値データは「理科年表」による）

の恵みの量を超えることはできません。**表3・1**に地球規模の水の陸‐海‐大気間移動量を示します。陸の水は、海→大気間の移動によってもたらされる割合が高いことがわかります。**表3・2**に各水域の平均的な**貯留量、循環量、滞留時間**を示します。河川水と比べると地下水は貯留量は多いですが、貯留時間がかなり長いので短期的に使い切ってしまうとなかなか補充されないという性格の水源であることが理解できると思います。上述のような水循環のしくみとともに、地球規模の水循環を生むしくみには、月の存在による潮の満ち引きや、風、温度あるいは塩分濃度の不均一性によって生じる海流などがあります。

表3・2 ●水圏の貯留量、循環量、滞留時間

分　類	貯留量〔千 km³〕	割　合〔%〕	循環量〔km³/ 年〕	平均滞留時間
海水	1,350,000	97.5	420,000	約 3,000 年
水蒸気	13	0.001	480,000	約 9 日
氷河	24,000	1.75	2,500	約 10,000 年
地下水	10,000	0.73	12,000	約 800 年
土壌水	25	0.002	76,000	1 年未満
湖沼水	219	0.017	−	数年〜数百年
河川水	1	0.0001	35,000	1 〜 2 週間

（日本大百科全書を基に作成（概数表示））

　近年は人間の活動が自然の物質循環に及ぼす影響が少なからずあるため、これを考慮した水資源の評価が重要な時代になりました。**人間圏**における水の利用と動きを考慮した動態については 9 章で解説します。

3・3　海

（1）構造と組成

　図3・3に各海洋の規模情報を示します。地球の全水量のうち海水が 97.5 ％近くを占め、地表の約 7 割を覆っています。海洋の面積は 3 億 6,000 万 km²、平均深さはおよそ 3.7 km です。最深部は太平洋のマリアナ海溝で 10.92 km の深さになります。ちなみに、陸地の平均高度はおよそ 0.84 km、最高高度は 8.84 km（エベレスト山）です。大陸周辺の浅い海（深さ約 130 m くらいまで）は**大陸棚**と呼びます。海洋は、太平洋、大西洋、インド洋、北極圏に分けられますがすべてつながっています。

　海には重量基準でおよそ 3 ％（3 wt％と書く）前後の塩分が溶解しています。海水中の塩分濃度は場所によって差があるものの、組成比は全海洋でほぼ一定となっています。塩分が高いため海水は**凝固点降下**[*1]により −2 ℃付近で凍り始めます。水の「物質を溶かす」という性質により、凍結が抑制される現象です。

＊1　凝固点降下とは、溶媒に不揮発性の溶質を溶解すると、その溶解量に依存して溶媒の凍結温度が低下する現象をいう。

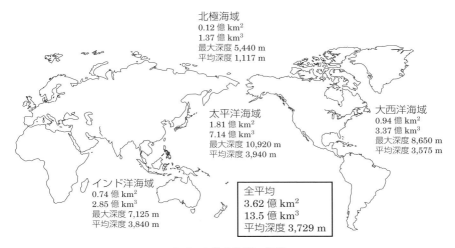

図 3・3 ● 各海洋の規模

　海水の塩分組成を**図 3・4** に示します。主成分は NaCl、$MgCl_2$[*2] であり、これらだけで 90 ％以上を占めます。このほか、炭酸塩、カリウムやカルシウム塩、硫酸塩などがあります。これらの塩分に比べて存在量は少ないですが、他にもいろいろな元素が溶解しています。マグネシウム（Mg）2,000 兆トン、臭素（Br）100 兆トン、ヨウ素（I）750 億トン、アルミニウム（Al）150 億トン、銅（Cu）45 億トン、ウラン（U）45 億トン、トリウム（Th）10 億トン、銀（Ag）4 億

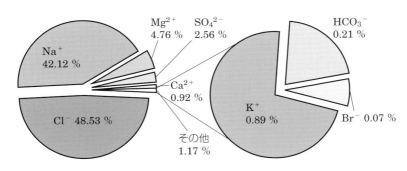

図 3・4 ● 海水中のイオンモル比

[*2]　NaCl、$MgCl_2$ は、海水を乾燥して得られる無機物の主成分である。

5,000万トン、水銀（Hg）4,500万トン、金（Au）600万トンと試算されています。海は豊富な資源に恵まれているといえますが、各物質の溶存濃度はとても小さかったり回収しにくいため、資源としては今後の資源回収技術と経済性次第という面があります。

（2）水　温

　海水面の温度は地球の緯度、季節、海流や風の影響で変化しています。海水の水温は極域で−2℃、熱帯域で最高30℃程度であり、変動幅は30℃程度で、これは陸上の温度変化幅に比べると小さくてとても安定しています。**図3・5**に水深方向の海水温度を示します。海水面付近の温度は気象（気候）に依存して地域的な変化がありますが、深い領域では水温変化は小さくなります。このような安定した水温は、水が温まりにくく冷めにくいという性質を反映しています。

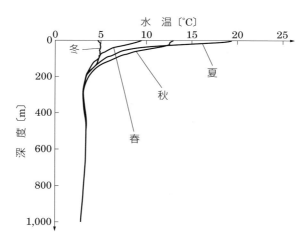

図3・5 ● 海水温の分布
（40°N、145°E、2005 〜 2014 年の統計平均、World Ocean Atlas 2018 を用いて作成）

（3）動　態

　海はその深さ方向に分類すると表層、中層、深層、低層に分けられます。海洋にはいくつかの大きな流れがあります。風の影響や、水温や塩分濃度に依存して水の密度が変わることにより海水が動きます。海洋の表層では、主に海上を吹く風の影響によって**海流**が生まれ海水が循環しています。これを**風成循環**と呼びま

す。**図3・6**に海流を示します。温められた海水は上昇流を、冷たい水は下降流を生じます。**コリオリ力の効果**[*3]により、海流の流れの向きは北半球では時計回りに、南半球では反時計回りになります。海流と大気循環および地形条件は気候に大きく影響します。月と太陽の存在により海には潮の満ち引き（海面の昇降現象）が起こります。地球と月や太陽との間には引力が働いており、その位置関係によって地球の引力に勾配を生じます。この結果、生まれるのが**潮汐力**です。この潮汐力によって海水面の高さが変わります。これもまた、海流を生む要因であり、潮汐流と呼ばれる海流が発生します。

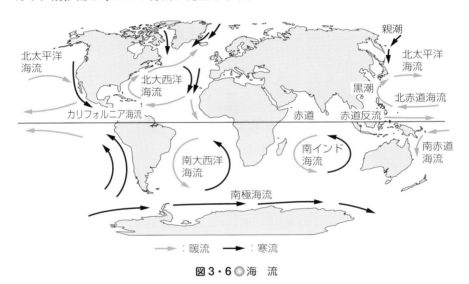

図3・6 海　流

　海洋の主に中深層においては、**図3・7**に示すような**深層水**の循環があります。海水の密度差によって生じる長周期（千年オーダーの周期）の循環と考えられてきたことから**熱塩循環**ともいいます。近年、風が主な駆動力の起源という説があり、**深層大循環**、**グローバルコンベアベルト**と呼ぶことが多いようです。この循環も地球の気候安定化（温度分布・変化の緩和）や大気中の二酸化炭素濃度に影響していると考えられています。

---

*3　コリオリ力の効果：自転する地球上で運動する物体に働く力をコリオリ力という。地球の自転に伴うコリオリ力は北半球では進行方向に対して右に、南半球では逆に左に作用する。

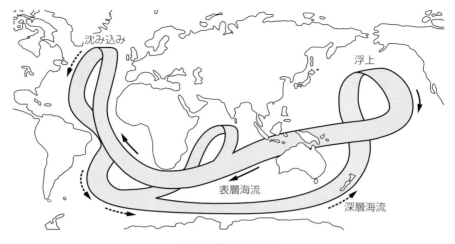

沈み込み

浮上

表層海流

深層海流

図3・7●海洋大循環

　観測技術の進歩により、海洋の流れについてより詳しい理解が進んでいます。
　近年、この海にも異変と思われる現象が起こっています。温暖化に伴う海水温の上昇はこの海洋大循環を弱める可能性があると考えられています。気象庁の気象研究所の報告によると、1970年以降の海面水温は気温の上昇とともに上昇傾向にありました。2000年以降に気温上昇の停滞が見られ、これを**ハイエイタス**と呼んでいます。ハイエイタスが始まった2000年頃から水深700～2,000mの深海の水温上昇がそれ以前に比べ加速し、温暖化によって増えた熱が深海に吸収されることで気温の上昇が抑えられたと考えられています。しかし、その後2013年から海面水温も気温も上昇傾向に転じ、2019年の観測値は統計開始以降、1、2番目の高い値をそれぞれ記録しています（**図3・8**）。海水温は気象に影響を及ぼす重要な要因であるため、今後もその変化を見守る必要があります。
　海は淡水の供給源であり、海洋生物が生存し成長する環境であり、海洋資源を育成する場でもあります。海流などの循環により熱や物質を輸送し、気候を安定化する働きがあります。海の表層に生存する植物プランクトンは地上の植物同様に光合成によって大量の酸素を供給します。海は大量の二酸化炭素を吸収・貯蔵する場でもあり、**生物ポンプ**の働く場でもあって長期的な地球の炭素循環に関わる重要な場になっています。近年、海水の**酸性化**、**海水面の上昇**、**表層海水温度の上昇**、**海氷面積の減少**などが継続的に観測されており、地球温暖化との関連性

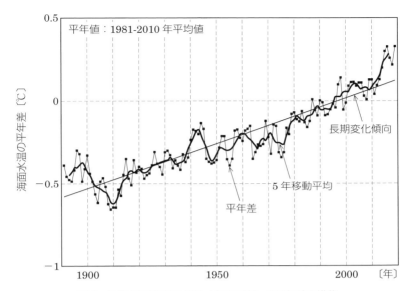

図3・8● 年平均海面水温（全球平均）の平年差の推移
（気象庁の Web サイト、https://www.data.jma.go.jp/gmd/kaiyou/data/shindan/
a_1/glb_warm/glb_warm.html）

から関心が高くなっています。

　深度200 m 以深に分布する、表層と違った物理化学的特徴をもつ海水のこと
を**海洋深層水**と呼びます。海洋深層水は海面近くの表層水とは異なり、人間活動
の影響が小さく、清浄性が高いという特徴があります。およそ水深200 m 以深
の海洋は太陽の光が届かない「**無光層**」になり、光合成が行われないため植物プ
ランクトンは増殖せず、呼吸による有機物分解が卓越することから有機物濃度が
低い清浄性に優れた（＝病原性微生物などの少ない）海水となります。反面、ミ
ネラル分、窒素やリン、珪素などの無機栄養塩類が豊富になります。深海温度は
変動が少なく低温安定性もあることから冷熱源としての利用（発電、冷却など）
も考えられています。

3・4 河　　川

　地上では重力と水圧によって水流が生まれます。ポテンシャル*⁴ の高い場所か

ら低い場所に向けて水の流れが起こり、水の流れが作り上げた流路により地上で
まとまった水が集積されます。地表の水の流れは河川を形成し、土壌や地下に浸
透した水によって土壌水や地下水の流れが生まれます。降水がないときでも、土
壌水や地下水起源の水が河川を満たすため、河川の流れは弛まず続きます。した
がって、河川の水量は降水に直接起因する水量と降水により土壌や地下から押し
出される湧き水量で決まります。降った雨の集まる大地の範囲を**流域**と呼びます。

　河川には浸食作用、堆積作用、運搬作用などの機能があります。水はその流れ
により大地を浸食し、ゆっくりと長い時間スケールで流路を形成します。流れに
よって土砂や肥沃な成分をその下流へと運んで平らな大地を形成します。川がで
きることによって、大量の水が毎日決まった場所に運ばれる主要ルートができあ
がります。こうして、下流域では生態系が育まれ、文明には必須のサービスを提
供します。

　川の水の量を少し実感してみましょう。大きめの給水車1台で運ぶ水の量を
$4 \mathrm{m}^3$（約4トン）としましょう。東京の一級河川の荒川は平均するとだいたい
$30 \mathrm{m}^3/$ 秒で水が流れています。これと同量の水を給水車で確保するには毎秒 7.5
台の給水車を稼働しなければなりません。1秒毎に給水車を動かすことは現実的
には不可能なので実際にはもっと多くの給水車が必要でしょう。取水して利用す
るのは流量の 20 ％程度としても毎秒 1.5 台、毎時 5,400 台の給水車数となりま
す。水を循環させる自然のしくみの凄さを実感できると思います。

　図3・9に代表的な大河の位置と規模を示します。世界の大河はその長さが
4,000 ～ 6,000 km に及び、世界地図でその存在がはっきりとわかる規模です。

　図3・10に河川の**縦断面曲線**を示します。フランス国内の河川や世界の大河と
比べると、日本の主要河川はいずれも地形的に急勾配です。日本の河川は急峻で
短いうえ、年間の降水量が多いため、世界の大河に比べると**流出率**（流出高[*5]
と降水量の比）がとても高い値になり洪水になりやすいことを意味します。日本
は地形が山がちで年間の降水量が多いですが、モンスーン気候にあって乾季と雨
季があり、降水量が年間を通じて一定ではありません。年間の最大流量と最小流

---

*4　ポテンシャル：ここでは狭義で、高いところにある物体が有するエネルギーで位置エネル
　　ギーに相当する。

*5　流出高：一定期間の川の流出量を、その地点までの流域面積で割った値のこと。

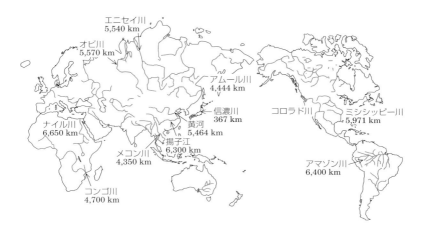

図3・9 ●世界の大河（名称と規模）

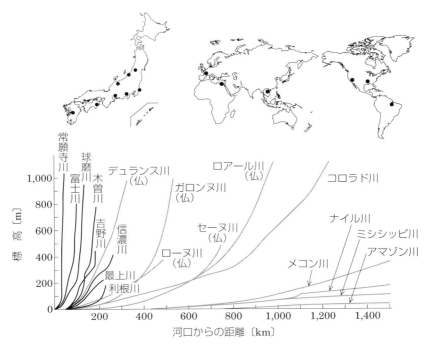

図3・10 ●河川の縦断面曲線
（出典：疏水名鑑 Web サイト、「日本の河川の特異性」、
http://midori.inakajin.or.jp/sosui_old/about/about02.html を元に作成）

量の比（**河況係数**）は世界の大河に比べて非常に大きくなり、河川の流量変動がとても大きいということも日本の河川の特徴です。一方、世界の大河はゆっくりと時間をかけて流れることから、河況係数も小さく安定しています。日本は国土の至るところに河川がありますが、反面、上述の背景から、安定的に取水できるように利水、治水に取り組んできた歴史があります。

　日本の三大河川は信濃川（新潟県、367 km）、利根川（千葉県、322 km）、石狩川（北海道、268 km）です。このうち流域面積では利根川が一番大きい川です。"急流"では最上川、富士川、球磨川が三大急流として知られています。日本には約3万5千本の川があります。その川から水を導くため水路を引き国土の隅々まで水を行き渡らせるインフラを構築してきました。このような水路を**疏水**といいます。日本三大疏水として琵琶湖疏水、安積疏水、那須疏水が有名です。

3・5　湖

　世界には面積が 500 km² 以上の大きな湖が 250 以上あります。そのうち、淡水湖が 74 ％と多く、次いで塩湖、汽水湖の順になります。**図3・11** に代表的な

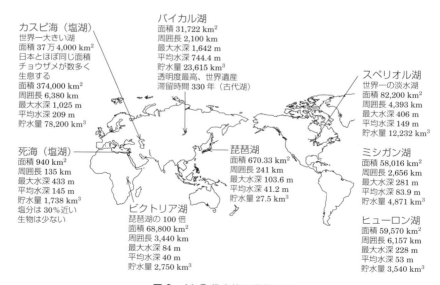

図 3・11 ●代表的な世界の湖

湖の位置と規模情報を示します。世界の湖のうち、ロシアのバイカル湖、アメリカの五大湖、東アフリカのタンガニーカ湖、ニアサ湖などの巨大湖だけで地球上の淡水水量のかなりのウエイトを占めます。南極には氷床の下にヴォストーク湖（氷床下湖）が存在し、そこには液体の水が存在すると考えられています。

世界で一番澄んだ湖はどこでしょうか。かつては北海道の摩周湖が世界一透明度の高い湖でした。現在はバイカル湖にその座を譲っています。バイカル湖は長さ 600 km、幅 30 km、最深部 1,642 m、三日月形で世界最深の湖です。透明度は 40 m を誇ります。バイカル湖の透明度の高さには、水を浄化するバイカル湖の生態系も関わっています。1996 年に世界遺産（自然遺産）に指定されています。

表 3・3 に湖の成因と分類を示します。湖の成因は、**構造型**、**浸食型**、**堰止型**

表 3・3 ● 湖の成因と分類および代表的な日本の湖

成因		種　類		日本の湖沼一例
火山活動や地殻の構造運動	構造型	カルデラ湖	火口型カルデラ湖	田沢湖（秋田）、芦ノ湖（神奈川）
			鍋型カルデラ湖	十和田湖（秋田・青森）、洞爺湖（北海道）、屈斜路湖（北海道）
			介殻型カルデラ湖	猪苗代湖（福島）、阿寒湖（北海道）
		火山湖	火山湖	五色沼（栃木）、蔵王御釜（山形）
			マール	住吉池（鹿児島）、一ノ目潟（秋田）
		構造湖	断層湖	琵琶湖（滋賀）、木崎湖（長野）、諏訪湖（長野）、水月湖（福井）
			地殻褶曲運動による構造湖	該当なし
浸食作用	浸食型	水食湖		三日月沼（北海道）、中湖（茨城）
		氷食湖		木曽駒ヶ岳濃ヶ池（長野）
		溶食湖		瓢箪池（沖縄）、淡水池（沖縄）
堰き止め	堰止型	海成堆積物による堰止湖（海跡）		サロマ湖（北海道）、宍道湖（島根）、八郎潟（秋田）、小川原湖（青森）、霞ヶ浦（茨城）
		河成堆積物による堰止湖		印旛沼（千葉）、菅生沼（茨城）
		山崩れ、地震による堰止湖		震生湖（神奈川）、湧池（長野）
		火山噴出物による堰止湖		大沼（北海道）、小沼（北海道）、中禅寺湖（栃木）
		生物による堰止湖（湧水）		尾瀬ヶ原（群馬）、井ノ頭池（東京）

（出典：環境科学研究所 Web サイト、「環境研ミニ百科第 39 号」、
http://www.ies.or.jp/publicity_j/mini_hyakka/39/mini39.html）

に分けられます。湖の生成場所や形からどの成因か判断しやすいものもあります。表には代表的な日本の湖を示しています。十和田湖、田沢湖や洞爺湖などはその形からカルデラ湖であることがわかりやすいと思います。富士山の周りにある富士五湖や箱根の芦ノ湖などは火山噴火が原因で堰き止められて永続的に形成されたものです。

　2014年10月、かつて世界で4番目に大きいといわれた中央アジアのアラル海（"海"と書きますが湖です）がほぼ消滅したというニュースが世界に衝撃を与えました。カザフスタンとウズベキスタンにまたがる南アラル海の東側が完全に消失したといいます。ソ連時代に、湖に流れ込む川の水を農業用水確保のために開通した運河のほうに引き込んだことにより、湖に水が供給されなくなったことが原因のようです。広大な湖水が消失することによって砂漠化し、湖の大量の水によって穏やかだった周辺の気候も影響を受けているといいます。同様に、かつて中東最大の湖であったイランのウルミア湖が消滅の危機に瀕しています。

3·6 地 下 水

　地下水とは、地表面より下にある水の総称で、地下水面より深い場所で、地層に満たされた（地層に飽和している）水のことです。地下水は淡水の中でも最もいたるところに分布しています。地下水が蓄えられている透水性の地層を**帯水層**と呼びます。一方、地下水面より浅い場所で土壌間にある水が**不飽和**で存在する場合には**土壌水**と呼びます。地表が砂漠でも地下深くには豊富な地下水を蓄えているところはたくさんあります（図9·7参照）。地下構造のフィルター機能により清浄であり、温度や水質が安定した利用しやすい水源であることから人類はずっと地下水を利用してきました。

　図3·1や表3·2に示したように、地下水は淡水のうち多くの割合を占めています。地下水の成り立ちとしては、降水が地面から浸透したもの、大昔に海や湖であったところが地殻変動により閉じ込められたもの、マグマが冷えて生じる水滴が集まったものなどがあります。山間部における地下水は平野部における地下水と比べ**ポテンシャル**（水理水頭）が高いことから、この差を駆動力としてポテンシャルの低いほうへ地下水が流れます。ただし、地下構造に依存してその流路

や流速は多様であることから、一般に正確な地下水の動態を把握することは河川などの地表水に比べ容易ではありません。

　図3・12に地下水構造と井戸の概念図を示します。地下の地層で水によって満たされた地層を帯水層、帯水層の一番上面を地下水面といいます。上述のように地下水はポテンシャル[*6]勾配に従って流れ、その流れの速度や滞留時間は地層や岩石の構造に依存します。自由水面を有する地下水は**不圧地下水**と呼び、水面が通気帯と接しているため水位も自由に変化します。

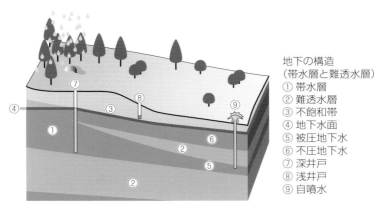

地下の構造
（帯水層と難透水層）
① 帯水層
② 難透水層
③ 不飽和帯
④ 地下水面
⑤ 被圧地下水
⑥ 不圧地下水
⑦ 深井戸
⑧ 浅井戸
⑨ 自噴水

図3・12 ● 地下水に関わる地下構造の概念図

　一方、上下面が不透水層に挟まれ大気圧以上の圧力を有する地下水は、**被圧地下水**といいます。自噴する地下水のうち、水温が25℃以上の地下水は温泉水といえます。オーストラリアの砂漠地の地下水は動きが遅く滞留時間が百万年、東京湾沿岸域の地下水では数日から数十年です。水の構造は何年経っても変わらないので水に溶ける溶質の変化や同位体比によって、水質の違いが現れます。

　地下水は、含まれる塩分量を基準に分類すると、淡水、汽水、塩水に分けられます。つまり、地下水は淡水とは限りません。東京都内は、火山地帯でもないのに温泉がたくさんありますが、意外ではないでしょうか？　地下深くに井戸を掘

*6　ここでいうポテンシャルとは、潜在的な能力を意味し、ここでは、水を動かす物理化学的な要因（浸透圧、重力、圧力など）のもつエネルギーの大きさの意味で用いている。

り、かつては海であったところが埋まってできた地下水にあたれば温泉が湧きます（ポンプで汲み上げている場合もあります）。この水は大昔から地層に閉じ込められていた水であり**化石水**と呼びます。都内の温泉でつかる湯は化石水かも知れません。地下水を特徴づける指標は、溶存成分、貯留量、循環量、滞留時間などです。滞留時間は数年から数万年のものまであります。地下水量は自然の涵養と流出のバランスで決まりますが、人為的な汲上げが多い場合には枯渇を防ぐために適切な汲上げ量を検討するなど考慮する必要があります。

3・7　氷河・凍土

　氷河は陸地面積の11％を覆っています。その総計はおよそ1,600万km²で日本の面積の40倍以上です。**図3・13**に代表的な氷河の位置を示します。カナダ、アラスカ、南極には命名された氷河がたくさん存在します。氷河とはその名のと

アレッチ氷河（スイス）
アルプス山脈最大の氷河
4,000 m級の標高にある.
長さ23.6 km，面積117.6 km²
中心部〜200 m/年で流れる

グリーンランド
氷床，万年雪が全土80％覆う.
1,755 km²，氷の厚さは1.5〜3 kmに及
ぶ最も多量の氷を生みだす氷河がある.
チャンパーリン氷河（長さ8 km以上，
幅800 m）など

メールド・グラース
氷河（仏）
アルプス山脈モンブラン北壁
標高2,400〜1,400 m
長さ7 km

レプマン氷河
（タンザニア）
キリマンジャロ（標高5,895 m）の
頭頂付近にある赤道直下の氷河.
近年極端に縮小している

南極
地球でいちばん大きい氷床
（一個の氷の塊）がある.
面積〜1,400万km²
大きな氷河は長さ400 km，
幅60 km.
数m〜数百m/年で流れる

タスマン氷河
（ニュージーランド）
面積101 km²
長さ27 km，幅4 km
最厚〜600 m

ペリト・モレノ氷河
（アルゼンチン）
面積250 km²
長さ30 km，幅〜5 km
最厚〜700 m
2 m/日で流れる

図3・13●世界の氷河（場所と名称）

おり、氷の河で**塑性流動**^{*7}する巨大な氷の塊です。塑性とは、変形すると元の形には戻らないような性質をいいます。これに対して、ゴムのように伸び縮みの変形をしても力を解放するともとの形に戻る性質を**弾性**といいます。何十メートルも分厚く圧密した氷の塊は、自重に耐えられずゆっくりと塑性流動を始めます。一般的規模の氷河では、年間に表面流動で数十 m くらい流れるといわれます。氷河には、山地で斜面の勾配によって流動が起こる山岳型氷河と平坦な大陸で自身の氷の重さで流動が起こる大陸型氷河があります。南極大陸とグリーンランドを覆う氷河はまさに大陸型です。南極の氷床は 1,400 万 km² もあり、地球上の氷の 90 % が存在します。氷床の厚さ平均は約 2,450 m あり、南極大陸の岩盤はこの厚い氷床の下にあります。南極氷河の移動速度は年間 250 m 程度、速いところでは 1 日に 4 ～ 5 m 移動すると報告されています。グリーンランドの氷床は地球上の氷の 9 % になります。氷河が連結したまま海に押し出されたものは**棚氷**といいます。氷床が融解すると海水面は上昇します。

　図 3・14 に氷河の形成機構の概念図を示します。氷河ができるためには、①越年する雪が大量にある、②圧密する程度に相当の厚さに積雪する、といった条件を満たす必要があります。大量の積雪により雪が圧密し、**ファーン**（雪と氷の中間の状態）を経て氷結晶の成長が進み、巨大な一枚塊の氷ができると、これが氷河になります。雪が降り積もり、氷が生産される領域を**涵養域**、氷が解けて消失していく下流の領域を**消耗域**と呼びます。

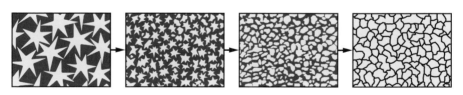

図 3・14 ● 氷河の形成機構

　氷河には、①水源を形成する（氷河に起因してできた氷河湖には五大湖、モレーン湖などがあります）、②浸食による地形発達を担う、③表層水と地下水の供給源（氷河の融解水）となる、などの役割があります。

＊7　塑性流動：この場合、氷（固体）が流動により不可逆的な変形をすること。大きな力がかかることによって不可逆的な変形を起こしながら流動すること。

　氷河による浸食と堆積作用により生まれた地形を**氷河地形**と呼びます。特徴ある地形であるため、その風景を見ればすぐに氷河地形とわかると思います。カール（圏谷）、U字谷、ホルン（尖峰）、氷河湖・フィヨルド、モレーン（氷堆積）などの地形があります。マターホルン、ネーロイ・フィヨルドなど一目で氷河地形とわかると思います。

　温暖化による氷河の後退の話は皆さんも聞いたことがあるでしょう。近年は、氷河において心配事が多数報告されています。氷河には**ムーラン**（フランス語で風車の意味）と呼ばれる管状の穴があく現象が多数確認されています（**図3・15**）。また、大気汚染物質を起源とする黒色の大気浮遊物（クリオコナイト）微粒子が北アメリカから飛散してグリーンランドに沈積し、太陽の光を吸収し氷を解かしており、これも氷河を温める要因と考えられています。氷河の崩落を早め、消耗域（氷河の先端）の後退に寄与していると考えられています。地球温暖化によって氷山の表層の氷が融解すると、やがて水たまりを形成し、それが水の流れをつくり、氷河にムーランが形成されます。ムーランに流れ込む水はやがて岩盤に到達し、その結果、氷河を浮かせ崩落につながるのではないかと考えられています。水の層が滑りに作用する現象には**ハイドロプレーニング現象**などがあります。氷が解け始めると少量の水でもあなどれないことを教えてくれます。

　南極では近年、ロス、アメリー、ラーセンといった棚氷に亀裂が入り崩落する

図3・15 ● ムーランの形成機構

現象が起きています。2017 年にラーセン C 棚氷から分離した氷山の面積は東京 23 区の 9 倍以上（約 5,800 km²）でした（**図 3・16**）。

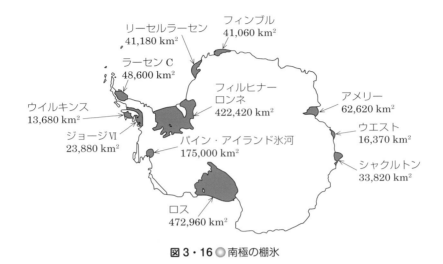

リーセルラーセン
41,180 km²

フィンブル
41,060 km²

ラーセン C
48,600 km²

フィルヒナー
ロンネ
422,420 km²

ウイルキンス
13,680 km²

ジョージⅥ
23,880 km²

パイン・アイランド氷河
175,000 km²

アメリー
62,620 km²

ウエスト
16,370 km²

シャクルトン
33,820 km²

ロス
472,960 km²

図 3・16 ● 南極の棚氷

　近年まで、日本には氷河はないと考えられてきました。その理由は、氷河が生まれる条件として、越夏する万年雪があること、その積雪量が相当量であって自らの積雪加重によって雪が大きな氷の結晶を形成するほどの条件を備えている必要があると考えられるからです。このほかにも、氷の岩盤が動く速度はとてもゆっくりですから、実際に氷が動いている（流動している）ことを観測すること自体が容易ではなかったこと、氷河は危険な場所で科学者が容易にはアクセスできない場所であることなども要因として挙げられます。

　近年は、**GPS**（Global Positioning System：**全地球測位網**）の利用などによって比較的短時間で高精度の地理学的流動速度を観測・測地する技術が発達し、測定装置も小型になったことから従来よりも観測が容易になりました。これにより、2012 年、立山連峰の剱岳で氷河の存在が初めて確認され、「三ノ窓氷河」「小窓氷河」「御前沢氷河」という呼称がつけられています。その後も北アルプスで氷河が発見されています。

　土壌が凍結する温度下に存在し、数年から数千年は凍結している土壌のことを**永久凍土**と呼びます。**図 3・17** に示すように、その多くは北半球にあります。こ

の凍土には大昔の植物や動物に由来する炭化水素や、メタン、二酸化炭素などが固定され眠っています。この永久凍土が地球温暖化の影響で解け始めているという報告が増加しています。この影響で社会インフラのダメージや環境汚染の問題が発生しています。**地球の時限爆弾**と呼ばれていますが、永久凍土の融解によって大量の温室効果ガス（メタンや二酸化炭素）が大気中に放出されると温暖化に非常に大きな正のフィードバック[*8]が働くこと、閉じ込められていた炭疽菌などの病原性の細菌が解き放たれるのではないかといった懸念があります。

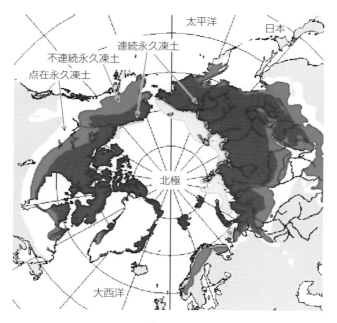

図3・17 ● 永久凍土の分布
（出典：FFPRI 森林総合研究所）

[*8] フィードバック：温暖化によって生じる現象（上記説明の場合はメタンの大気放出）が原因となって、結果的に温暖化をさらに促進する方向に作用することを正のフィードバック、抑制する方向に作用することを負のフィードバックという。海水温が上昇すると溶存二酸化炭素が大気中に放出され、大気中の温暖化ガス濃度が上昇すれば、これは正のフィードバックになる。

コラム　マリモの科学と水

　マリモ（毬藻）はなぜ丸いか知っていますか？　マリモは小さな藻がいくつも集まってできているもので、環境の変化に敏感な植物の一つです。かつてはヨーロッパや日本でマリモの群生地が40カ所くらいありましたが、マリモの群生地はもはや阿寒湖だけです。そのマリモも環境変化によって絶滅の危機に瀕しています。マリモに限りませんが自然の生き物は環境変化の影響を受けやすいのです。問題はその環境変化の一翼を担っているのが私たち人間であることです。自然の生き物、とりわけ、水生生物にとって、水質はとても重要です。阿寒湖には伏流水の発生箇所があって、水をきれいに保つしくみがありました。マリモの丸い形は水の動きと大きな関係があります。マリモは群生するとともにそれぞれが回転しながらきれいな球形を形づくるようです。その回転を生み出すのが水の振動的な動きです。湖底一面に群生することによってマリモは水の振動によりその場で回転するようになります。風速7mくらいの風が吹くと、水面が波立つことによって湖底にあるマリモに回転運動が与えられます。この回転はマリモに均一な光合成を促すとともに、互いに体がぶつかり合うことによって表面の白草（外敵）が取り除かれます。重なり合う下層のマリモは波の力を利用した動きによって下層から上層に入れ替わり、均一に形をつくっていきます。これらは、自然の水の運動とマリモの比重、形状などが協同的に働く自然の現象です。自然における水の揺らぎや流れが、生命を維持し形づくる一例でもあります。私たちはこの自然を壊さないようにしなければなりません。

章末問題

1. 自然の水の循環にはどういう意味があるのか広い観点で考察せよ。環境、生命（生態系）、文明（都市）を念頭にその意義、重要性などを考えよ。

2. 地球温暖化によって海洋大循環が減速する可能性がある。どのような理由により減速すると考えられているのか、また、減速することの影響について調べ考察せよ。

3. 水の動きを一様に表す変数として水ポテンシャルや地下水ポテンシャルなどのポテンシャルという概念がある。原則、水はポテンシャルの高いところから低いところへと移動する。ポテンシャルの意味と水が移動する際の駆動力にはどのようなものがあるか調べよ。

4. バイカル湖はなぜ透明度が高い湖なのか調べ、湖の生態系や文明の関わりと湖の透明度の関係について考察せよ。湖の寿命は長くはないが、その理由を調べよ。バイカル湖は 4,600 万年も存在している。バイカル湖の成因と関連づけて長寿命の湖である理由を調べよ。

5. 近年、南極の棚氷が広域にわたって崩壊・消失する現象が起きている。また、世界中の多くの氷河でその後退が確認されている。これらの実態と原因について調べよ。

6. 永久凍土について、規模、固定されている物質や、近年、永久凍土の融解によって起きている問題について調べよ。

4章
気象と水・水の脅威

　本章では、気象と水害に関わる水の挙動と影響について解説します。気象現象は太陽エネルギーと地球の自転によって生まれる地球上のエネルギー・物質循環構造により引き起こされるものです。文明は気象現象の恩恵を受けています。反面、気象現象は脅威になることもあります。近年の異常気象や水害の増加は地球温暖化の影響と考えられています。大気における水の動態を理解することによって天気の移り変わりや水害をもたらすしくみがわかります。気象現象のしくみや水の脅威に対する近年の取組みについて紹介します。

4・1　降　　水

(1) 大気中の水蒸気

　地球の大気は上空 500 km くらいまであります。雲や雨など気象に関係するのは、平均すると十数 km 程度の高さまでの**対流圏**と呼ばれる大気の領域です。高さの目安として、大型の旅客機の飛行する高さが 10 km くらいです。大気全体の質量の約 75 % がこの対流圏にあります。地球を直径 20 cm の球に例えると、雲は球の表面からだいたい 0.18 mm のあたりから下層に浮かんでいることになります。大気中で酸素、窒素の次に多く分布する気体は水蒸気です。この水蒸気は地球に温室効果をもたらす主要な気体であり、温暖な地球の気温に寄与しています。降雨はこの水蒸気によってもたらされるものです。

　図 4・1 に飽和水蒸気量の温度依存性のグラフを示します。空気中に含み得る水蒸気量は、温度や圧力（気圧）に依存します。ある温度で最大限含み得る水蒸気の量を**飽和水蒸気量**と呼びます。その飽和水蒸気量に対する実際の水蒸気存在割合を**相対湿度**と定義します。一般に湿度といえば相対湿度のことを意味します。例えば、0 ℃の空気の飽和水蒸気量は 1 m³ あたり約 5 g ですが、25 ℃では 23 g に増加します。もしも 25 ℃の空気に水蒸気が 11.5 g 含まれていたら、この空気

の相対湿度は50％になります。この空気の温度が5℃に下がると飽和水蒸気量も下がるため、5℃の飽和水蒸気量を超える水蒸気は**凝結**（凝縮）します。暖かい空気ほど多くの水蒸気を含むことができます。夏場にジメジメすることが多いのは、気温が高く、高湿の空気になりやすいためです。通常、海上付近の空気は陸上に比べて水蒸気量が多く湿度は高くなっています。なお、飽和水蒸気量と実際の水蒸気量が等しくなる温度を**露点**といいます。

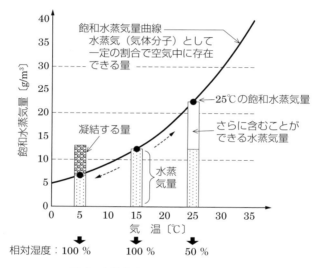

図4・1 ● 飽和水蒸気曲線と相対湿度

（2）降水のメカニズム

　雨が降る原理は水の相変化と関係しています。海洋などから大気へ気化した水（水蒸気）は、飽和水蒸気圧までは水蒸気のまま空気中に溶存できます。温められて軽い空気は上昇気流によって大気上空に上昇します。熱気球が上昇するのと同じ原理です。上空では気圧が低いため、上昇した空気は膨張することにより気温が下がり飽和水蒸気量が小さくなります。こうして、飽和水蒸気量よりも過剰に存在する水蒸気は凝結し、ある程度の大きさに成長すると重くなって顕著に落下し始めます。これが降水です。水蒸気が凝結を起こすことによってある程度大きい氷晶や水滴を生じると雲ができます。雲は浮いているように見えますが、重

力があるので降下します。雲粒の半径が 0.001 mm 程度だとおおよその落下速度は 0.012 cm/秒、霧雨粒のサイズ（半径 0.01 mm）で 1.2 cm/秒くらいなので、落ちているようには見えないでしょう。雨粒の半径が 1 mm になると落下速度は 680 cm/秒、2 mm になると 962 cm/秒になります。粒径が小さくなると落下の際に空気抵抗の影響が大きくなり、一定の**終端速度**になるため落下速度が遅くなります。

　雲は出現する高さに応じて下層雲（〜およそ 2,000 m）、中層雲（およそ 2,000 〜 7,000 m）、高層雲（およそ 13,000 m まで）に分類されます。さらにその形から、**図 4・2** に示すような名前が国際的に付けられています。空気中の水分量と空気が動く速度に依存して雲の形は多様に変わりますが、大きくは層雲と積雲に大別されます。層雲は層状で一様な雲を形成する雲のなかまのことをいい、このうち雨や雪を降らせる雲は**乱層雲**と呼ばれます。これに対して、積雲はモコモコしたかたまりの雲のなかまのことをいいます。特に、下層から上空にわたり垂直に発達する雲を**積乱雲**と呼び、この雲は雷や夕立、ときには竜巻をもたらします。雲を見上げたときに暗い場合は上層に厚い雲が発達していることを意味するので、急な大雨に注意したほうが良いでしょう。

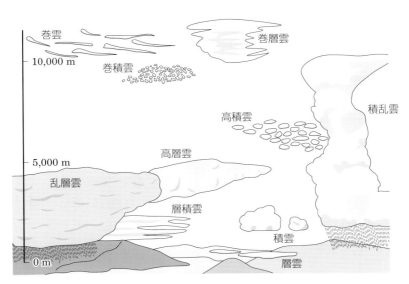

図 4・2 ● 雲の発生高さ、形と名称

　地表面における寒気団と暖気団が接する境界線を**前線**といいます。天気図では前線を**図4・3**のように表します。前線では温度差により暖かい空気に含まれる水蒸気が凝結し、雲が発生して雨が降りやすい場になります。寒気団に後から優勢な暖気団が押し寄せて低気圧の上空に上がっていく前線を**温暖前線**と呼びます。暖かい空気は冷たい空気よりも軽いので寒気団の上に暖気団が上がっていきます。この前線には乱層雲ができやすく長雨をもたらします（**図4・4**）。一方、暖気団の後から優勢な寒気団が押し寄せて暖気団の下に潜り込む前線は**寒冷前線**です。この前線では寒気団の潜込みによって暖気団が急激に持ち上げられるため鉛直方向に積乱雲が発生しやすく、短時間で強い雨や強風をもたらします（図4・4）。寒気団と暖気団の勢力が同程度で境界面がほとんど動かない前線は停滞前線と呼びます。梅雨前線や秋雨前線は**停滞前線**になります。

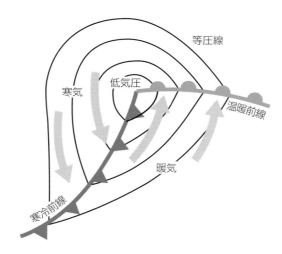

図4・3 ● 寒冷前線と温暖前線

　近年は、**エアロゾル**と呼ばれる微粒子（微生物、塩分結晶、排ガスの微粒子など）が大気中に大量に放出されることによって、寿命の長い雲ができるようになっているとの報告があります。雨を降らせない長寿命の雲の存在は、太陽光の入射を遮るため地球温暖化を抑制する効果があると考えられています。一方で、産業などによって人為的に大気中に放出される微粒子（すすなど）は、健康リスクもあるため悩ましい問題です。IPCC（Intergovernmental Panel on Climate

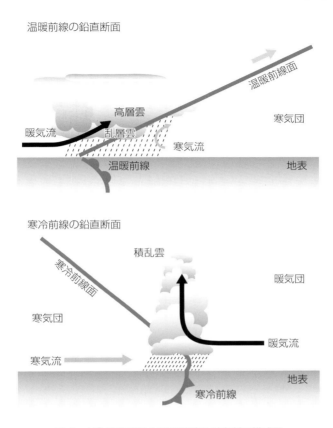

図 4・4 ●寒冷前線と温暖前線の垂直断面模式図

Change：気候変動に関する政府間パネル）も、エアロゾルが気候変動に与える影響を報告しており、地球温暖化を左右する一因であると考えられています。

（3）降水の分類と特徴

「降水」は地球上の水循環のサイクルのうち、空から水が降ることを指す気象学用語です。降った水量は、降水が雨のみの場合は雨量、雪や霰などの雨以外による降水も含めた場合は降水量といいます。雨粒の大きさと相によって、雨、霧雨、霙、雪、霧雪（氷点下における霧雨）、雹、霰（雪あられ、氷あられ）、凍雨、着氷性の雨、細氷（ダイヤモンドダスト）などに分類されます。さまざまな種類

がありますが、それだけ多様な水の形態があるということです。

　雨の強さは、単位面積に降った雨が溜まった深さで表します。通常は時間雨量として1時間あたりに溜まった深さをmm単位で表記します。時間雨量10mmならば、1m×1mの面積あたり1時間で1cmの高さの雨水がたまる降雨であることを意味します。水量にすると100cm×100cm×1cm＝10,000cm³＝10Lとなり、降水量を実感しやすいと思います。人間が雨にあたる面積を50cm×50cmとすると、60分で2.5Lの雨水があたるという計算になります。30分では、時間雨量10mmならば1.25L、100mmならば12.5Lの雨水があたることになります。広域で降った雨はポテンシャルの低いところに流れ集まり、予想以上の多くの水量を低地にもたらすので十分注意が必要です。**表4・1**のとおり、気象庁により**時間雨量**を基準にした雨の分類がなされています。天気予報ではこ

表4・1 ◯ 降水の分類

1時間雨量〔mm〕	予報用語	人の受けるイメージ	人への影響	屋内（木造住宅を想定）	屋外のようす	車に乗っていて
10以上〜20未満	やや強い雨	ザーザーと降る	地面からの跳ね返りで足元がぬれる	雨の音で話し声が良く聞き取れない	地面一面に水たまりができる	
20以上〜30未満	強い雨	どしゃ降り	傘をさしていてもぬれる	寝ている人の半数くらいが雨に気がつく	道路が川のようになる	ワイパーを速くしても見づらい
30以上〜50未満	激しい雨	バケツをひっくり返したように降る				高速走行時、車輪と路面の間に水膜が生じブレーキが効かなくなる（ハイドロプレーニング現象）
50以上〜80未満	非常に激しい雨	滝のように降る（ゴーゴーと降り続く）	傘は全く役に立たなくなる		水しぶきであたり一面が白っぽくなり、視界が悪くなる	車の運転は危険
80以上〜	猛烈な雨	息苦しくなるような圧迫感がある。恐怖を感ずる				

の分類に従って雨量を表しています。俗にいう "土砂降り" というのは強い雨のことです。時間雨量 50 mm 以上の降雨は警報レベルです。近年の豪雨（いわゆる集中豪雨）の発生件数は、確認されているだけで年平均 270 件くらいはあります（1,000 地点あたりの発生件数）。豪雨によってもたらされる土砂災害の発生件数は年間に約数百回で推移していますが、近年はその回数を増す傾向にあるとともに、災害による死者、行方不明者数は災害の発生数とともに増加しています。

　雨は、雲ができるときや降水の際、空気中の塵（ちり）などを巻き込むためさまざまな物質が溶け込んでいます。日本の雨水には Na^+、K^+、Mg^{2+}、Ca^{2+}、Cl^-、NO_3^-、SO_4^{2-}、NH_4^+ などのイオンが含まれます。この他、微量の有機物が含まれることがありますが、いずれもその有無は雲が生成する場所や降雨が発生する場所（大気）に依存します。また、大気中の CO_2 を吸収するため降水の**水素イオン濃度**（pH）は 6 前後になりますが、人為起源や天然起源の NO_x、SO_x による大気の汚染があると、これらから生成する硝酸や硫酸が降水に溶け込み、pH が 5.6 以下になることもあります。これがいわゆる**酸性雨**であり、森林破壊や水環境の酸性化などの原因になっています。

4・2 水の脅威と災害

(1) 台　風

　気象庁が定める「**台風**」の定義は、最大風速（10 分間平均）が毎秒 17.2 m 以上に発達した熱帯低気圧です。熱帯低気圧はその名のとおり熱帯で発生する低気圧のことです。水温が 27 ℃以上の海水において、水蒸気の上昇気流が渦を巻きながら成長し積乱雲を発達させることがあります。雲ができる水蒸気→水滴の相変化の過程では凝結により**潜熱**が放出されるため、上空の空気は暖められて気圧が下がり熱帯低気圧が形成されます。この低気圧に高温多湿の下層大気が吹き込むとさらに積乱雲を発達させます。これを繰り返して台風が発生すると考えられています。

　北半球では、台風上部から見て反時計回りに風が吹き込むのは、地球の自転によって生じる**コリオリ力**によるものです。毎年 20 〜 30 程度の台風が発生しています。**図 4・5** に示すように、発生した台風は、太平洋高気圧の縁を沿うように

進みます。北上するとともにやがて日本付近から進路を北東方向に変えて進むことになります。このため、太平洋高気圧と偏西風の状況に依存して台風の進路が変わります（図4・5）。

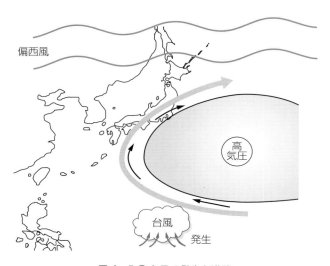

図4・5 ● 台風の発生と進路

　強い熱帯低気圧は発生域ごとに呼び名が異なり、台風の他に**ハリケーン、サイクロン**といった呼称があります。日本では台風は発生順に番号がつけられ区別されますが、ハリケーンやサイクロンでは名前リストから順に人名をつけて区別されます。北太平洋または南シナ海の領域で発生する台風には、同領域に共通のアジア名があらかじめ用意されたリストの順につけられています。台風は強さと大きさによって**表4・2**に示すような階級に分類されます。台風の大きさは強風域の半径で決まりますが、10分間の平均風速が基準となっています。10分間の平均風速が25 m/s以上の領域は暴風域と呼びます。猛烈な台風の定義よりもさらに強い最強クラスの台風をスーパー台風と呼びます。2013年にフィリピンに上陸したHaiyan（台風30号）や1979年のTip（台風20号、海上で870 hPaを記録）などが有名です。

　日本に上陸した台風で甚大な被害をもたらしたものには、1959年の伊勢湾台

表4・2 ● 台風の階級分け

強さの階級分け

階　　級	最大風速
強い	33 m/s（64 ノット）以上～ 44 m/s（85 ノット）未満
非常に強い	44 m/s（85 ノット）以上～ 54 m/s（105 ノット）未満
猛烈な	54 m/s（105 ノット）以上

大きさの階級分け（風速 15 m/s 以上の風が吹いているか、吹く可能性がある範囲の半径）

階　　級	風速 15 m/s 以上の半径
大型（大きい）	500 km 以上～ 800 km 未満
超大型（非常に大きい）	800 km 以上

風があり、死者・行方不明者 5,000 名以上に及びました。近年では、平成 30 年台風第 21 号（被害総額 685 億 4,839 万円）、令和元年房総半島台風（被害総額505 億円）、令和元年東日本台風（最低気圧 915 hPa、最大風速 55 m/s、被害総額 1 兆 8,600 億円、死者 91 名、住家被害 96,572 棟）などが甚大な被害をもたらしました。防災対策が進められている今日においても、自然の猛威の前にはかなわないことがたくさんあります。今後、地球温暖化が進むと台風やハリケーンの大型化をもたらすものと危惧されています。

　表 4・2 に示した階級とは別に、台風の規模として中心気圧が目安になります。通常、大気圧は海面付近で 1,013.25 hPa（＝1 気圧）になります。これは、海面付近で 1 cm² あたり 1 kg に相当する大気の重さがかかるということを意味します。高いところに上昇するほど気圧は低くなります。例えば、富士山頂では気圧は地上の 0.7 倍、ジェット機が飛行する高さでは 0.3 倍くらいに気圧は下がります。上昇気流が発生するところでは暖かい空気の膨張により空気密度が小さくなり、気圧は低くなります。台風の中心気圧は台風の大きさや強さを反映します。非常に大型の台風では、中心気圧が 900 hPa くらいまでに達します。強力な台風には、24 時間で中心気圧が 40 hPa 程度低下する**急速強化**という現象が見られることがあります。これは海水温の高い領域が関わっていると考えられ、温暖化による海水温上昇の影響が懸念されます。台風のときには高潮にも注意が必要です。スーパー台風などによって生じる高潮は、数 m にも及ぶことがあります。

(2) 集中豪雨

　大雨をもたらす雲は積乱雲の発生と関係しています。前線の発達、長期にわたる停滞、暖かい空気の流入などにより積乱雲が次々と発生し、局所的に大雨をもたらします。このため、河川の氾濫、土砂災害など災害リスクが高くなります。2014年8月の広島県における豪雨以来、「**線状降水帯**」という言葉が頻繁に使われるようになりました。これは、複数の積乱雲が線状に並んで発生するもので、停滞性のものは長時間にわたり局所的に集中豪雨を引き起こすため災害リスクがとても高くなります。近年、日本では線状降水帯の発生に伴い河川氾濫、土砂災害などの災害が増え、巨額の経済損失が生じています。雨量の世界最高値として400 mm/1時間（中国・内モンゴル自治区、1975年推定値）や1,825 mm/24時間（フランス領レユニオン島、1966年）、という記録があります。集中豪雨の中でも俗に「**ゲリラ豪雨**」と呼ばれるものは主に都市部で突然発生する大雨のことを指します。都市部では高層ビル群による湿った海風の上昇気流が生まれ、また、都市部の排熱による**ヒートアイランド現象**によって都市部上空に上昇気流を発生します。この上昇気流によって30分〜1時間ほどで急速に積乱雲が発生することが、ゲリラ豪雨の原因と考えられています（**図4・6**）。局所的に短時間に大雨をもたらすことから災害リスクが大きいわけです。ゲリラ豪雨という言葉は正式な気象用語ではありませんが、突然襲ってくる局所的な集中豪雨を表す直感的でわかりやすい表現であることもあり、すでに日本では定着した名称です。

　水はポテンシャルの低いところに流れ込んで集まることから、集中豪雨のときには高い場所に避難することが大切です。都市部はアスファルト舗装などの市街化によって水の浸透・吸収が以前よりも少なくなりました。主要都市の下水処理能力は1時間あたり50 mm前後の降雨を想定して計画的に構築されていますが、大雨の際は都市の排水能力を超えた都市特有の洪水（**都市型洪水**）の発生が懸念されます。都市の道路整備によって、本来の自然土壌の排水機能が失われた結果引き起こされる水害といえます。

(3) 雷

　雲はたくさんの塵や水、氷の微粒子を含みます。積乱雲のような厚く動きが激しい雲の内部では、塵や水、氷がぶつかり合ってその際の摩擦により雲の中に電

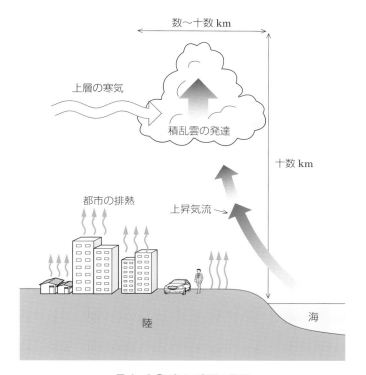

数〜十数 km

上層の寒気

積乱雲の発達

十数 km

都市の排熱

上昇気流

陸　　　　　海

図 4・6 ● ゲリラ豪雨の原因

荷が発生します。プラスの電荷を帯びたものは雲の上方に集まりやすく、マイナスの電荷を帯びたものは下方に集まりやすい性質があります。この現象によって雲の中に電界が生じ電流が流れる結果、**落雷**が発生すると考えられています。積乱雲のような雲の発生が増加すれば、落雷も増えるでしょう。地球温暖化が進むと活動の活発な雲が増加すると考えられます。大型台風の増加や降水量の増加などによる水害リスクが増えると考えられますが、落雷の増加も懸念されます。

(4) 土砂災害

　日本は火山、地震、多雨、不安定地質構造の多い国です。ヨーロッパに比べると豪雨による土砂災害が昔から多いといわれます。土石流危険渓流、急傾斜地崩壊危険箇所、地すべり危険箇所をまとめて**土砂災害危険箇所**といいます。国土交通省所管の土砂災害危険箇所は全国で約 52 万カ所あります。土砂災害には、土

砂崩れ、がけ崩れ、地滑り、土石流などがあります。**土砂崩れ**は急傾斜地にある土砂が地震や大雨などによって急激に崩れ落ちることであり、**土石流**は山腹が崩壊して生じた土石などまたは渓流の土石などが水と一体となって流下する自然現象です。土石流の特徴は**図4・7**に示すように、土砂崩れに比べ多量の水の流れとともに多量の土砂が流出するものであり、規模も危険性もずっと大きくなることです。土石流は地質の状況によっては大雨が降り出してから時間があまり経過していなくとも発生することもあり注意が必要です。

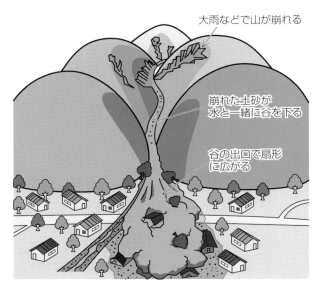

大雨などで山が崩れる

崩れた土砂が水と一緒に谷を下る

谷の出口で扇形に広がる

図4・7 ● 土石流

　土砂の崩壊形態は**図4・8**に示すように**表層崩壊**と**深層崩壊**に分けられます。一般に、土砂崩れや崖崩れと呼ばれるものは表層崩壊に属します。短時間に大量の雨が降ると斜面の中で水位が上昇し始め、やがて斜面が崩れます。水が増すと浮力が働き、かつ、流体である水によって斜面を滑りやすくする水の性質が関わっています。深層崩壊は斜度が急でなくとも起こる広域の土砂崩れです。長時間の降雨や地震などによって起こるとされ、規模が大きく甚大な被害をもたらします。深層崩壊は長時間の降雨が収まる頃に発生する例が認められ、また、崩壊時間が遅くなるほど規模が大きくなることから、雨が止んでも注意が必要です。

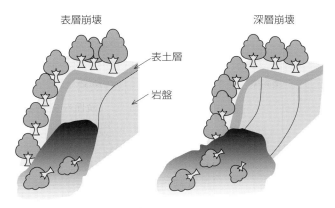

図 4・8 ● 表層崩壊と深層崩壊

(5) 津波、高潮、洪水

　津波とは、海底で地震が起こることにより広範囲にわたって地形の上下の運動、変形が生じ、その影響が海水を通じて海面に伝わり四方へ波動（伝搬）する現象です。強風によってもたらされる高波や、潮の満ち引きとは異なります。津波の大規模なものは、数十 km を超える長さにわたることもあります。波は時速数十〜数百 km の速度で伝わることもあり、波高も数十 cm 〜数十 m の規模に及びます。津波の規模は、水深と波高に依存します。海岸に近づき浅瀬になると波は高くなりますし、湾奥や徐々に沿岸平野が内陸方面に狭くなるような地形では内陸に押し寄せるに従い波が高くなります。津波は数回にわたって繰り返しやってくることがあり、後からくる津波のほうが大きな場合もあります。想定外の想像を絶する高さ、速さで津波がやってくる可能性があります。

　2011 年に発生した東日本大震災のときには、短時間のうちに大規模な津波が押し寄せてきました。海沿いの港湾地域では津波が 10 m を超えるところが多数あり、甚大な被害をもたらしました。この津波は太平洋を渡ってハワイや北米にも到達しています。津波は波という形でエネルギーが伝搬し非常に遠くまで到達します。東日本大震災では、大きな揺れがなかった地域に高さ 40 m 近くの巨大津波が押し寄せています。地震直後に第 1 波があり、まさかもう来ないだろうと思ったその数十分後に巨大津波が押し寄せ甚大な被害が発生しました。地震により海底で大規模な地滑りが起きて巨大な津波が生じた考えられています。この

ような津波は、激しい揺れを伴わない地震であったにもかかわらずやってくる大津波であることから、**サイレント津波**とも呼ばれます。防潮堤を越えて襲ってくる津波は防波堤を越える際に速さを増し破壊力が増します。

　膝くらいの高さの津波でも、流れる大量の水は非常に危険です。洪水の流れや津波に巻き込まれると浮き上がれなくなることがあるようです。安全な方法でその脅威を経験できると良いのですが、暴風雨などの体験施設・設備はあるものの津波、河川（流水）や洪水のリスクを体験できる施設はほとんどないので、映像資料などで確認すると良いと思います。近年では 3D で確認できるハザードマップなどの整備が進んでいます。

　高潮は、気圧低下による海面の吸上げ、風による吹寄せ、波浪による海面上昇などが原因で発生します（**図 4・9**）。温暖化により海水面の上昇が危惧されますが、海面上昇によって地盤沈下も問題となり、高潮の被害は今後その脅威を増すものと予想されます。台風に伴う風が海岸に向けて吹けば吹寄せ効果による海面上昇や、台風に伴う気圧の低下による吸上げ効果による海面上昇が起こります。このような潮位の変化（**高潮**）と太陽や月の引力による潮位の変化（**天文潮位**）を足したものが実際の潮位になります。台風のような大型の低気圧と大潮が重なると高潮の危険が増します。

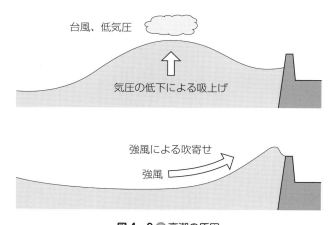

台風、低気圧

気圧の低下による吸上げ

強風による吹寄せ

強風

図 4・9 ● 高潮の原因

　図 4・10 に、河川の平常時の流量に対する洪水時の流量の比較図を示します。日本の代表的河川は洪水時の水量が大幅に増すことが予想されるため、治水対策

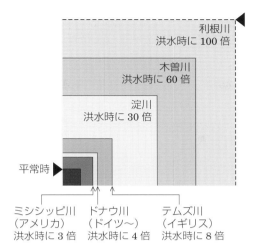

図 4・10 ● 平常時と洪水時の流量比較
（出典：国土交通省 Web サイト）

はとても重要なわけです。

　河川の決壊などに起因する氾濫を**外水氾濫**と呼びます。これに対し、都市にお
いて排水用に整備されている下水ラインにおいて、排水先河川の増水による逆流
や、排水処理能力を超える大雨で市街地などに水が溢れてしまう浸水害のことを
内水氾濫と呼びます。豪雨の際は、河川に問題がなくとも内水氾濫が発生して被
災することがあります。特に、低地に立地する住宅や地下室などは注意が必要で
す。2019 年の台風 19 号では、多摩川沿岸域で内水氾濫が発生しています。

4・3　防　　災

（1）気象観測

　気象観測には、地上気象観測、海上観測、高層気象観測システム、衛星観測が
あります。地上気象観測システムには、一般の気象観測と地域気象観測システム
（**アメダス**：Automated Meteorological Data Acquisition System）があります。
一般の気象観測は平均 50 km 間隔で観測点がおかれ、天気、気温、気圧、湿度、
風向・風速、降水量、降雪量、積雪量、雲のようすなどが測定されています。さ
らに細かく気象を捉えるために、アメダスは無人観測所を平均 17 km 間隔で全

国 1,300 カ所（降水量のみ観測する観測所を含む）に設置して観測しています。アメダスは 1974 年に整備され、降水量、風向・風速、気温、日照時間を 10 分毎に自動的に集め、集中豪雨などの局地的な大雨を監視して降水による災害の軽減に役立っています。高度 30 km までの上空の気温、湿度、風向、風速などの気象要素の観測には、ゴム気球に吊したラジオゾンデが利用されています。

　近年は**気象レーダー**（radio detecting and ranging）により雨滴を含む雨雲の位置や強さが調べられています。日本全土に 20 基の気象レーダー観測網を構築し、雲のようすも観測しています。このレーダーでは約 300 km 先の雲の雨や雪の粒により反射されて返ってくるレーダー電波をパラボラアンテナで捉え、この反射波から雲の位置や強さを割り出しています。このほかには、**静止気象衛星**ひまわりを使って宇宙から地球の雲や水蒸気を観測しています。気象観測のイメージ図を**図 4・11** に示します。

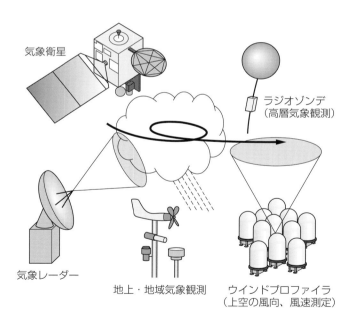

気象衛星

ラジオゾンデ
（高層気象観測）

気象レーダー

地上・地域気象観測

ウインドプロファイラ
（上空の風向、風速測定）

図 4・11 ● 気象観測

　2013 年に大島で発生した豪雨による土砂災害（時間雨量 122 mm）を教訓に、全国を 5 km 四方の格子に分けて大雨による土砂災害の危険度を監視し、土壌雨

量指数をもとに避難警報発令の判断をするようになりました。雨量が 200 mm を超えると土砂災害の発生する危険性が高まると考えられています。雨が降り出す前の雲をレーダーで観測し、積乱雲の兆しを捉える（早めに豪雨を予測する）危険予知の試みもなされています。2015 年から、ひまわり 8 号によってそれまでの観測頻度の 12 倍、解像度 4 倍の観測が開始され、より細かく精度の高い予測がなされています。

　気象庁が発信する気象情報には、いつでもどこでもアクセスできる「高解像度降水ナウキャスト」や「レーダー・ナウキャスト」があります。これは、携帯端末の利用を想定して降水、雷、竜巻の短時間予報を提供するものです。全国 20 カ所に設置している気象ドップラーレーダーのデータやラジオゾンデの高層観測データ、ウインドプロファイラデータなどを利用して、250 m 解像度の降水分布を 30 分先まで予測（高解像度降水ナウキャスト）しています。

　「ツナミ」に関しては、緊急地震速報システムを利用して、近海地震の場合には地震発生後最速 2 分以内に津波警報などを発表できるよう整備しています。

(2) 治水・災害対策（防災、減災）

　2019 年の台風 19 号では、大きな河川の氾濫被害がありましたが、中小河川の氾濫リスクがあまり知られていなかったため、中小河川でも多くの被害が発生しました。2020 年 7 月にも、梅雨前線による豪雨で多くの河川が氾濫したり土砂災害が発生しました。近年、これまで経験したことのないような想定外の気象現象が増加しているように思います。治水対策にもこのような変化を考慮した新たな対策が必要と考えられますが、経済的には限界があります。

　水害に対しては、広い観点でさまざまな対策が講じられています。情報面では自治体や行政による**ハザードマップ**の公開、過去の水害情報の提供などがあります。ハード面では、**遊水池**、**調節池**、**地下貯留**、**放水路**、**浸透ます**、**地下河川**などの治水対策が続けられています。人造湖、調整池（調節池）、遊水池、ため池などは利水、治水のために造られるもので、洪水を一時貯める目的のもの、洪水時に河川の流水を意図的、一時的に氾濫させるためのものや、農業用水を確保するためのものなど、それぞれに計画的な役割があります。近年は地下空間に放水路を設けて水害に備える防災設備もあります。例えば、首都圏外郭放水路（国道

16 号線の地下約 50 m に建設された延長 6.3 km の洪水対策用地下放水路。全体の貯水容量 67 万 m³、**図 4・12**）は代表的な例で、洪水を地下に取り込みトンネルを通して江戸川に流す地下放水路です。2019 年の台風 19 号（令和元年東日本台風）の豪雨で決壊した堤防は全国 55 の河川で 79 カ所と記録されていますが、その際もこの首都圏外郭放水路はフル稼働しており地域の洪水を防いでいます。この台風 19 号では、荒川の第一調節池（**図 4・13**、貯水容量 3,900 万 m³）も稼働しています。荒川の氾濫を防ぐため、意図的に荒川の水を越流・氾濫させて調節池に誘導して洪水を防ぎました。ため池は全国に 20 万カ所ほどあるといわれており、多くは雨量の少ない瀬戸内地方に集中していますが、老朽化してしているものも多く、ため池の防災上の管理が課題になっています。

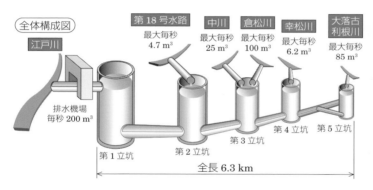

図 4・12 ● 首都圏外郭放水路
（出典：国土交通省関東地方整備局江戸川河川事務所 Web サイト）

　図 4・14 に**ハイドログラフ**とダムの放水量（放水操作）の時系列変化の例を示します。下流河川の氾濫を防ぐために、大雨の事前にダムの予備・事前放流を行って水を貯留する空きを確保し、大雨によってダムへの水の流入量が増加するときにはダムに貯水しつつダムの放流量を調整することで、下流河川の水位の上昇を抑えます（**洪水調節**）。ダムがなければピークの水流が下流の川に押し寄せることになりますが、放流量でこのピークを下げたり遅らせたりすることができ、また、ダムの貯水限界に達する時間を放流量によって遅らせることもできます。

　温暖化が進むことによって海水面の上昇が起こるといわれています。実際に観

図 4・13 ● 荒川第一調節池
（写真出典：国土交通省関東地方整備局荒川上流河川事務所 Web サイト）

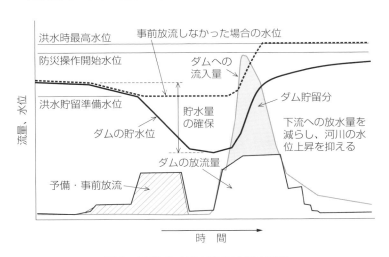

図 4・14 ● ハイドログラフと洪水調節

測データは上昇傾向を示しています。海水面の上昇は、高潮などによる洪水リスクが増えるうえ、地震の際の**液状化**や**地盤沈下**のリスクを高めます。東京湾沿岸域は防潮堤を築き上げており、これによって都市部は高潮から守られています。東京湾岸を散策すれば、これらを確認することができるでしょう。

　国土交通省によると、日本では年間に 1,000 件前後の土砂災害（土石流、地滑り、崖崩れなど）が発生し、年間数十名の尊い命が失われているという現実があります。2018 年の西日本豪雨では 200 名の方が亡くなっています。そこで、行政は警戒区域、特別警戒区域の指定を行い、宅地にする際の規制をすることによって安全確保を目指しています。

　土石流の勢いを低減し被害を小さくする策として、砂防ダムがあります。「サボウ」という言葉は「ツナミ」と同様に世界に知られている日本語です。砂防ダムによって土石流の威力を抑えることが可能です。近年は、スリット型の砂防えん堤が設置されています。スリット型にすることにより、大きな岩はせき止めて小さな砂利、泥や水は通すようにします。上下流を遮断することなく害の少ない土砂は下流へ流すことにより、下流域の生態系や環境への影響を抑えるようにしています。

　水害に対し、個人のレベルでは、住宅構造を水害時の被害軽減可能な構造（かさ上げ、高床、ピロティー構造、家財移動が容易な設計など）にすることなどが有効です。近隣の地名にも注意してみると良いでしょう。「沢」「灘」「川内」「深」などの地名は水害履歴を残している場合もありますので、調べてみると良いかもしれません。また、現在は多くの市区町村でハザードマップを作成しているので確認するようにしましょう。都市部ほど災害時には避難ルートの確保が必要です。人口密度の高い都市では、思うように避難することもままならない可能性が十分にあります。そこで、**タイムライン（事前防災行動計画）**を作成しておくと、慌てずに行動できると考えられています。東京都ではインターネット上で「東京防災・東京マイ・タイムライン」を公開して、タイムラインの作成を支援しています。

　災害や防災は経済問題でもあります。東日本大震災の被害額は、16.9 兆円、2011 年に発生したタイ洪水の被害額は、1 兆円以上と試算されています。**防災の主流化**により、日本の防災関連予算は数兆円規模になっています。

（3）防災情報とその利用

　気象庁は、大雨や強風で災害が起こるおそれのあるときは「**注意報**」、大雨、地震、津波、高潮などにより重大な災害が起こるおそれのあるときは「**警報**」を

発表します。警報の発表基準を遥かに超える重大な災害が起こる恐れが著しく高まっているときは、「**特別警報**」を発表して注意や警戒を呼びかけます。令和2年（2020年）7月には、発達した梅雨前線による豪雨に対して特別警報が発令されています。地震、津波、噴火のときは特別警報という名前ではなく、緊急地震速報、大津波警報、噴火警報という名称で発表されます。大勢の死者、行方不明者を出した東日本大震災では、大津波に対して大津波警報が発令されました。災害情報は待つものではなく主体的にチェックし、リスクに対して早めに対処するのが大切です。気象庁の発信情報もこの精神に則り、早めに危険情報を発信し被害をなくす努力をしています。

　2015年からは、未曾有の災害をもたらすおそれがある場合に、「これまで経験したことのないような」という表現も予報で用いるようになりました。従来は予想が外れることに多少ならずとも懸念があったと思われましたが、近年は空振りでも良いので情報発信するという姿勢が受け入れられています。

　近年発生している未曾有の豪雨水害が契機となって、令和元年（2019年）から「**警戒レベル**」発令の運用を始めました。対象となる災害は大雨、氾濫、洪水、高潮、土砂災害で、**表4・3**に示すようなレベルが設定されています。各警戒レベルに示されている「とるべき行動」や「避難情報」の言葉の意味を理解しておく

表4・3 ● 警戒レベル

警戒レベル	住民がとるべき行動	避難情報	情報発信源
警戒レベル5 すでに災害が発生している状況	命を守るための最善の行動をとる	災害発生情報	市町が発令
警戒レベル4	避難	避難勧告・ 避難指示（緊急）	
警戒レベル3	高齢者 障がい者 乳幼児 などとその支援者は避難、他の住民は準備	避難準備・ 高齢者等避難開始	
警戒レベル2	避難に備え、ハザードマップなどにより、自らの避難行動を確認	洪水注意報・ 大雨注意報	気象庁が 発表
警戒レベル1	防災気象情報などの最新情報に注意するなど、災害への心構えを高める	警報級の可能性 （早期注意情報）	

＊身の危険を感じたときは警戒レベルに関わらず避難する。
＊必ずしも段階的に、レベル1から順に発令されるとは限らない。

必要があります。例えば、「**避難**」は、発令された地域のなかで、浸水や土砂災害などの被害を受ける可能性が高い場所にいる場合は避難所などに全員避難する必要があります。急に避難することが困難であったり、避難に時間を要する高齢者などに対しては「**避難準備**」を発令して、早めに避難するように促します。

　防災意識社会への転換も必要です。例えば、2004 年から 2017 年の間に発生した土砂災害による死者、不明者の 88 ％は、指定されている土砂災害危険箇所の周辺で被災しているという調査報告があります。一方、川の増水や洪水による死者・行方不明者の 66 ％は洪水浸水想定区域の範囲外で被災しているという報告もあります。実際、平成 30 年（2018 年）7 月に起きた豪雨災害のときに行った国土交通省や広島大学の調査では、それ以前には避難指示が出ても避難しない人がとても多かったようです。避難しても被害がなければ指示に従う必要はなかったと感じることもあるようです。被災地住民に理由をアンケートした結果を見ると、避難しなかった理由として、①自宅にいるのが安全だと判断した、②避難所へ行くのが危険と判断した、③近隣住民が避難していなかった、といった回答があります。一方、避難した理由には、①避難勧告・指示の発令、②周辺環境の変化、③人からの声かけ、近隣住民の避難、といった回答が多く見られます。ハザードマップの認識率をさらに向上し、災害に対する事前認識を高めることが大切です。

　災害が一度起きるとしばらくは再びやってこないと思いがちですが、そのような考えで良い時代は終わろうとしています。「特別警報が出ていないから大丈夫」という考え方は間違いといっていいと思います。狭い領域の異常気象を予測することは容易ではありません。危険を回避するためにも情報は待つのではなく、自ら収集しにいく時代であるという認識も大切です。防災情報は、平時、災害予測、災害速報、被害状況といった段階に応じた情報チャンネルが用意されています。例えば、NHK そなえる防災、消防庁 e カレッジ、東京防災、スマートフォンで使える防災情報アプリ（NHK 防災など）、デジタルサイネージ（街中）などを利用するとよいでしょう。スマートフォンのアプリは普段から利用できる状態にしておき、使い慣れておくと便利です。インターネットやスマートフォンを利用しない場合でも、従来通り、テレビ（含データ放送）やラジオのニュースは情報源になります。地域によっては無線放送や、広報車（緊急性が高い場合）なども

あります。少なくとも、市区町村で配布・公開している**ハザードマップ**をチェックしておくことをお勧めします。ハザードマップはインターネットでポータルサイトを用意している場合もあるので利用するとよいでしょう。ハザードマップは目安なので、想定を超える災害もあり得ると考えるのがよいと思います。警戒レベルが高い場合、短時間で命の危険が迫る可能性があると思って行動することが必要です。避難の判断に漠然と迷うこともあると思います。これに対しては、内閣府から配布されている**避難行動判定フロー**が参考になると思います。

　災害の怖さについて、防災館などで擬似体験して感覚的にその脅威を認識しておくことはとても有効です。全国に暴風雨、地震、液状化、浸水などの体験・見学が可能な防災施設（防災館、防災センターなど）がありますので、是非、利用してみてください。

　近年は、経験したことのないような気象事象が増加していると感じます。異常

コラム　ゆらぎと自然

　自然（季節、気象、気温など）は、大なり小なりいつも変動してゆらいでいます。ゆらいでいてもそれはある範囲内に収まり、全体のバランスがこれまでと同様にとれていれば問題にはなりません。変動が小さく安定な状態を維持している場合には、ゆらぎの範囲内（平均的には同じ状態）と考えます。多少変動することがあっても平均的なゆらぎの状態に戻ります（現在の均衡状態）。この変動がこれまでの平均的なゆらぎの範囲とは異なり異常性を示す場合があります。安定な状態が不安定になりやがて大きく変動するように変化するようになることや、これまでの均衡状態とは異なる均衡状態にシフトして元に戻らないことへの懸念があります。このような状態の変化をもたらす転換点を**ティッピングポイント**といい、さらに、地球環境の激変をもたらすようなこのような要因を**ティッピングエレメント**といいます。ティッピングエレメントとして、南極の氷床の大規模な崩壊などが考えられます。地球温暖化の影響により、自然の有する変動に対する緩衝能力が変わりつつあるかもしれないと考えられるようになってきており、大型の台風や低気圧の増加、局所的な激しい集中豪雨など極端な気象現象が今後は一層増えると考えられています。生態系システムの解析によると、生態系の安定な条件は限られているという知見があり、自然の生態系が気候変動の速さに適応していけるのかが懸念されています。

気象といわれてきたものがもはや普通になり、従来の常識が変わる時代になってきたと考えられます。実際、大雨発生回数の統計分析によると、大雨や豪雨の頻度が少しながら増している傾向が示されています。気象観測情報を多角的に活用して迫りくる災害リスクを予測し、可能な限り減災を目指す時代になったといえます。

章 末 問 題

1. 雨水にいろいろな物質が溶け込んでくることによって環境汚染が起こる。どのようなものが汚染物質として問題となるか、その物質はどういったところで発生しているか調べよ。

2. ゲリラ豪雨は大都市特有の気象現象である。その発生原因を確認し、ゲリラ豪雨に対する対策を考えよ。特に都市部における洪水対策も含めて考えよ。

3. 近年の土砂災害の内訳について調べ、災害の実態について調べよ。

4. 個人でできる水害対策にはどのようなものがあるか調べよ。

5. 水害に対する注意報、警報にはどのようなものがあるか、それぞれどのようなレベルで発せられるものか調べよ。

6. インターネットで防災情報アプリを入手し、スマートフォンで近隣の雨雲の予測や落雷の発生状況を調べてみよ（アプリのインストールは自己責任で行っていただきたい）。

7. 海岸に風が吹き付ける場合と気圧が下がった場合の潮位の変化はどれくらいか調べてみよ。また、天然潮位がどれくらい変化するか調べ、台風が接近した際の潮位がどれくらいになるのか考察せよ。

8. ハザードマップを見ながら、インターネットを利用して自分のタイムラインを作成してみよ。

5章
水がつくる世界とその科学

　　自然の水が造る景色は、多様で美しさと輝きに満ちあふれています。これは、大自然の壮大な風景のみならず、ミクロな世界でも同様です。自然の水の美しさは形、音、動き（流れ）に現れます。文明はそのしくみを巧みに生活の中に取り入れています。本章では、自然の水が織りなすさまざまな姿や水が関わる現象について紹介し、その科学を解説します。

5・1　水・氷の造形とその要因

（1）水が生み出す自然美

　水が生み出す造形美は**世界遺産**に代表されます。世界遺産には**自然遺産**と**文化遺産**があります。このうち、自然遺産は以下の①～④の登録基準のいずれかを満たし、世界遺産リストに登録されたものが該当します。①～④の登録基準はそれぞれ世界遺産センターが公表している世界遺産登録基準の7～10番目にあたります。

①　最上級の自然現象、又は、類まれな自然美・美的価値を有する地域を包含する。

②　生命進化の記録や、地形形成における重要な進行中の地質学的過程、あるいは重要な地形学的又は自然地理学的特徴といった、地球の歴史の主要な段階を代表する顕著な見本である。

③　陸上・淡水域・沿岸・海洋の生態系や動植物群集の進化、発展において、重要な進行中の生態学的過程又は生物学的過程を代表する顕著な見本である。

④　学術上又は保全上顕著な普遍的価値を有する絶滅のおそれのある種の生息地など、生物多様性の生息域内保全にとって最も重要な自然の生息地を包含する。

　自然の水はいろいろな形で自然美を演出しています。代表的なものを以下にいくつか紹介します。

　アメリカのアリゾナ州北部にあるグランドキャニオン国立公園は、上述の①〜④の自然遺産登録基準を満たし1979年に世界遺産に登録されました。コロラド川が数千万年かけて流水の浸食作用により削り出した地形がグランドキャニオンです。渓谷は平均1,200 m、長さ約450 km近くに及ぶ壮大な風景を生み出しています。浸食によって露出した地層断面には、先カンブリア時代からペルム紀までの地層を見ることができます（**図5・1**）。

図5・1 ● グランドキャニオン国立公園

　ペリト・モレノ氷河はパタゴニアのアンデス山脈の麓に流れる大きな氷河です（**図5・2**）。この氷河があるロス・グラシアレス国立公園内には300以上の氷河があり、南極、グリーンランドに次ぐ氷河地帯にあります。この国立公園は上記①、②の登録基準を満たし、1981年に世界遺産に登録されました。長さ30 km、湖に面する消耗域（氷河が解けてなくなっていく下流域）の幅は5 kmあります。水面からの高さは60 m以上あり、10階建てのビルに相当する高さです。消耗域先端でアルヘンティーノ湖に崩落する姿は圧巻で、パタゴニアの有名な観光地になっています。

　中国・九寨溝の渓谷の景観と歴史地域、黄龍の景観と歴史地域は、上記①の登

図5・2●ペリト・モレノ氷河

録基準を満たし、1992年に自然遺産に登録されました。標高5,100mの山頂から7.5kmにわたり、石灰岩が水によって浸食されてできた巨大な峡谷です。石灰華の沈殿を備えたエメラルドグリーンの水の風景が広がります。石灰華がつくるエメラルドグリーンの水風景として、トルコのパムッカレ（上記①を満たし1988年に登録）やクロアチアのプリトヴィッツェ湖群国立公園（上記①～③を満たし1979年に登録）なども知られています。

　日本では、白神山地、屋久島、知床がそれぞれ自然遺産に登録されています。白神山地は、ヒトの影響をほとんど受けていない原生的なブナ天然林が世界最大級の規模で分布しているという理由で、上記の登録基準③を満たし1993年に登録されました。屋久島は、上記①、③の条件を満たし、1993年に登録されました。知床は海と陸との食物連鎖を見ることのできる貴重な自然環境が残る場所であり、上記③、④の条件を満たし2005年に登録されました。ちなみに、富士山は2013年に文化遺産として登録されました。

　他にも不思議な水の風景がたくさん知られています。ブラジル北東部マラニャン州にはレンソイス・ラマニャンセス国立公園があります。ここには東京23区がすべて入る大きさの世界一白い広大な砂丘（砂漠）があり、雨季になるとそこに無数の青い湖ができます（**図5・3**）。砂漠の下にある地盤が粘土層で透水性が

低いために、雨季の降雨時に無数の湖ができ不思議な美しさを見せてくれます。ボリビアのウユニ塩湖（塩原）は、乾季に塩が析出してパターンを作る広大な大地となり、雨季は雨水が薄く張って広大な鏡のような湖面を生み出します。およそ1万km²もの平坦で広大な塩原が生み出す自然の鏡は神秘的です。

図5・3●レンソイス

　日本では阿寒湖や屈斜路湖で湖上に無数の花が咲いたように氷が広がるフロストフラワーと呼ばれる光景が見られることがあります。風のない極寒の湖に氷から昇華した水蒸気が再び付着して氷の結晶をたくさんつくり、あたかも一面に白く輝く花が咲いたかのように美しい風景を生み出します。結晶が花開く形をつくるのがなんとも不思議な自然現象です。

　ほんの数例を紹介しましたが、世界中には美しく、神秘的な水の風景がたくさんあります。水の物質溶解、流れ、相変化、光吸収、光の屈折・反射、表面張力といった性質によって生み出される自然美です。

（2）雪片、氷

　水の世界のなかでも、**雪片**（雪の結晶）はまさにミクロな自然美を見せてくれます。**図5・4**に雪片の一般的分類を示します。代表的なものに樹枝状、扇形、星形、角板、針形と呼ばれる雪片があります。雪片にはいろいろな形があります

が、いずれも結晶であり、大きいタイプのものでは 2 ～ 4 mm くらいの大きさになるので肉眼でもその形が見えると思います。多くの結晶形が生じることを**多形**といいます。他の物質に比べ、氷には多数の多形があることが知られています。雪片の生成メカニズムは長らく謎でしたが、近年、その謎がいろいろと解き明かされてきました。家庭で製氷機に水を入れてつくるような氷の場合は、液体の水が固体の氷に相変化してできます。このような氷のでき方を**液相成長**といい、生成する微結晶の氷が水の中で成長してバルク（塊状）の氷を形成します。一方、雪片のような単結晶の氷の場合は、気相中の水蒸気（気体の水分子）が氷の核に吸着することにより結晶成長してできます（**図 5・5**）。このような氷のでき方を**気相成長**といいます。**過冷却**[*1] した微小な水滴が結晶に吸着・凍結し成長する

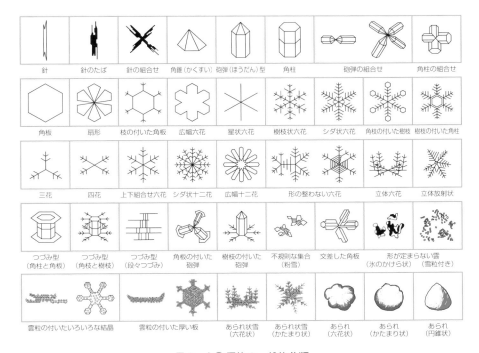

図 5・4 ● 雪片の一般的分類
（出典：日本大百科全書、小学館）

＊1　過冷却：水が凍結する温度以下で液体の状態で冷却されている状態。

場合もあります。

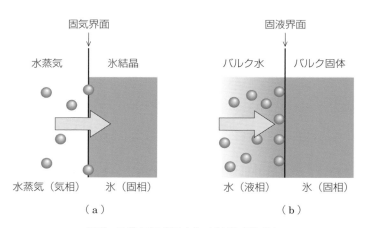

図 5・5 ● 気相成長（a）と液相成長（b）

　図 5・4 に示したいろいろな雪片の形に見られる共通点に気づいたでしょうか？　それは外観が六角形になっていることです。雪片によっては雪片を構成する小さな領域にも六角形構造が見られ、六角形構造の集まりがより大きな六角形を形成する構造になっています。これは**フラクタル**と呼ばれる周期的な構造です。その元になるのが結晶形成の核となる氷の構造です。氷の結晶における水分子の配列は図 2・3 に示したとおりです。水分子内の結合角の存在と水素結合により、氷の核となる構造は**図 5・6** に示す六角形のプリズム構造になります。このプリズムに水蒸気が吸着して結晶が成長し、階層的な六角形構造が生まれると考えられます。プリズム構造の面や陵の部分の水分子吸着性の違いや水分子のアクセスのしやすさ、水蒸気濃度（湿度）、環境温度などが影響して多様な形の雪片ができることが知られています（**図 5・7**）。近年は、高速度カメラによってその生成のようすを映像で明確に確認することができます。インターネット上でもこのようすを捉えた映像が公開されていますので探してみてください。自然物は構成する原子・分子の種類とそれらの間に働く相互作用や結合様式を反映した形をとります。雪片ではその結果として、ここまで述べたように、多様にして**周期性**や**対称性**を有する美的な形が生まれます。

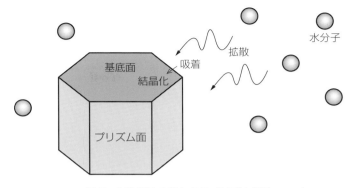

図 5・6 ●雪片の核となるプリズム構造

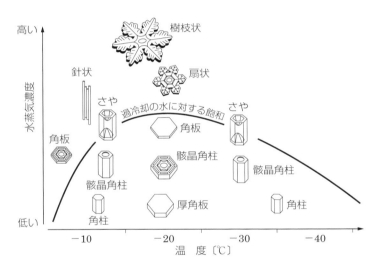

図 5・7 ●雪片の形 中谷ダイヤグラムの概念図
（出典：小林禎作、古川義純「雪の結晶」、雪の美術館（1991））

　一般に、樹氷と呼ばれるものは**霧氷**の一種に分類されます。霧氷はその生じ方によって、樹氷、粗氷、樹霜に分けられます。樹氷や粗氷は、氷点下で濃霧（過冷却した水滴）が風によって樹木などに付着し凍結したものです。粒状の氷の粒子が凝集して成長します。脆く白色に見えるものが樹氷、半透明で多少固く凝集したものが粗氷であり、樹木の表面に風上方向に成長するのも特徴です。樹霜は、

気相成長により大気中の水蒸気が樹木や地物に氷の結晶を生成したものです。フ
ロストフラワーも水蒸気が付着して氷の結晶をつくり成長したものです。このほ
か、過冷却した雨水が自然物や人工物などに接して氷となり表面を覆うものを雨
氷と呼びます。

　氷柱（つらら）のように、寒気の中で水が流れ落ちる途中で外表面から凍結
し、徐々に上から下へ氷が成長することもあります。滝が氷結して巨大な氷柱を
形成したものは氷瀑といいます。自然の中で大量に流れている水が凍りつくのは
珍しい現象ですが、日本各地で氷瀑を見ることができます。これらは水の動きの
中で徐々に氷の液相成長が進む現象です。

　標高 4,000 m 以上、雪が深く気温が常に氷点下、太陽光があたる場所という
条件がそろうとペニテンテと呼ばれる剣山のような形をした氷の尖塔が一面に広
がる風景ができることがあります。形成メカニズムは未だ不明な点が多いです
が、標高が高く常に氷点下の環境条件で、積雪に太陽光があたるという環境条件
により生じる現象と考えられています。

　このように、水は、それが凍る場所、気温、風、水蒸気濃度（過飽和度）など
の環境条件や凍り方、解け方、凍結・融解速度の相違によって多様な姿を見せて
くれます。この意味でこれらの条件に応じた多様な姿をいつでも身近に見ること
ができるのが雲や雪です。

5・2　水が生み出す音

（1）水の音

　自然の水の状態や環境はその音にも表現されます。自然の水の音には、波、川、
せせらぎ、しずく、雨、滝、氷が割れる音などさまざまなものがあります。私た
ちは経験により水の音を聞き分け、その音からいろいろな雰囲気を感じます。自
然の水の音は、水の状態、動きや音を発する環境に依存します。密度や粘弾性な
ど、水物性の特徴を反映した水ならではの音を発します。

　松尾芭蕉は詠んだ歌の中に、静寂を感じさせる効果として水の音を用いていま
す（古池や…♪）。水道の蛇口から滴る音、シャワーや水洗トイレ、雑巾を絞る
ときの音など多様な水の音を私たちは経験的に水の音として理解しています。

　いろいろな水の音によって気分転換したり、清涼感、静寂感、寂しさ、平凡さ、不変さ、恐怖感などの効果を演出することができます。ディズニーランドではエリア間の滝の音、透明なガラスのコップに水を注ぐ音、水溜りに一滴の水滴が落ちる音、梅雨時期の雨音、海の波の音、ヒッチコック監督の映画ではシャワーの音、鹿威しの音などが利用されています。

(2) 音を識別するスペクトル

　そもそも音とは、物質が衝突したり接触することによって生じる空気の振動（疎密の変化）です。音は、波（**縦波**）の性質を有します（**図5・8**）。波は波長や周波数（振動数ともいう）によって区別されます。波長は一周期の波の長さを表し、周波数は単位時間あたりの波の数を表します。周波数が大きい（高い）ほど波長が短くなり高い音になります。

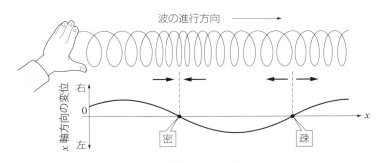

図5・8 ● 縦波とその表現

　自然のいろいろな音は、周波数の異なる音（波）が重なり合ったものです。各周波数の音のパワーを周波数を横軸にとってプロットすると、その音の特徴が周波数成分ごとに整理されたパターンとして比較できるようになります。このプロットを**パワースペクトル**と呼びます。パワースペクトルは音を出す物質の種類や音の現象固有のパターンになるため、さまざまな音を区別・評価するときにとても有用です。せせらぎのような心地よい自然の音、癒しの音楽など、私たちが心地よいと感じる音はパワースペクトルの傾きが**1/f**（*f*は音の周波数）になることが知られています。**図5・9**に水音（せせらぎ）のパワースペクトルの例を

示します。親水河川や公園などにおける流水形態や落水の設計などにおいて水音のパワースペクトルが活用されています。東洋大学正門の階段状の人工流水では礫を敷いた落水をつくっており、耳を澄ますと心地よいせせらぎの音が聴こえるよう演出します。

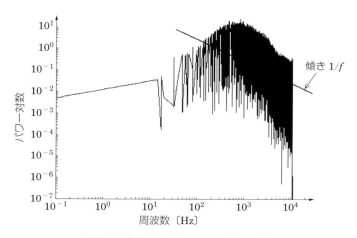

図5・9 ●水音のパワースペクトルの例

（3）水を使って音を奏でる

　グラスと水を使って簡単に綺麗な音を奏でる方法について紹介します。ワイングラスのような脚のついているゴブレット型のグラスに水を入れて、グラスの縁を少し強めに一定の速さで指でなぞってください。このとき指先を水で濡らしておきましょう。すると、かなりの音量で綺麗な高音が鳴るでしょう。指でなぞる強さや速さ、そして水の量やグラスを変えて試してみるとどうなるでしょうか。水の量を多くすると音は低くなり、水の量を少なくすると音は高くなります（**図5・10**）。これは**グラスハープ**と呼ばれます。ワイングラスのような脚つきのグラスであることも重要です。

　なぜ音が出せるのでしょうか？　これには**共鳴**（**共振**）という現象が関わっています。**図5・11**に示すように、同じ振動特性の波が重なり合うと波の強さが重なり合った分だけ大きくなる性質があります。グラスの縁を擦ることによってスティックスリップと呼ばれる摩擦による**自励振動**が生じます。この摩擦によって

図 5・10 ● グラスハープ（水の量によって音が変わる）

生じる周期的な振動とグラスの固有の振動条件が一致すると、グラスが共振することによって、小さなグラスからとても大きな音を発します。音が出ているときにコップの水の表面をよく見てください。水面全体が細かく振動しているのが見えるはずです。グラスの中の水も一緒に共振しています。水の量によってグラスの共振周波数を調整していることになります。水の量が多ければそれだけ全体を振動させる負担が大きくなるので振動しにくくなり、そのため音は低い（周波数が小さい）音になります。逆に、水の量が少ないときは少ない分だけ振動しやすくなりますので高い音になります。アメリカのベンジャミン・フランクリンはグラスハープのしくみを使いやすくしたアルモニカという楽器を 1761 年に発明しています。

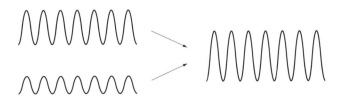

図 5・11 ● 波の重ね合わせ原理

　共振現象は、一つひとつの波は小さくても重なり合って大きな波を生み出すことにつながります。このことを応用したのがラジオ、テレビ、携帯電話などの電波の受信です。放送局が発信する電波と同調する条件を設定することにより、た

くさん飛び交う電波の中から特定の電波のみを受信することができるようになります（図 **5・12**）。

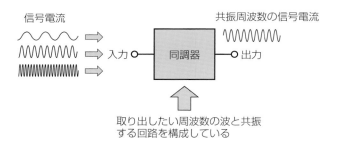

図 5・12 ● 共振を利用した電波の受信（同調回路、共振器）

　水滴が水面に落ちるときのチャポーンという音が出る理由は長らく謎でした。近年、高速度カメラを用いた観測により、水滴が落ちたときに発生する小さな気泡が細かく振動することによって水面を震わせる音であると解明されました。この水滴が水面に落ちるときに発する音を反響させて音を楽しむ装置が水琴窟です。古風なものでは、日本庭園などで見られる**添水**（そうず）があります。最近はインテリア水槽の水を循環させるのに、ちょろちょろと水槽に落水させる循環によりせせらぎや小さな湧き水をイメージさせる音を演出する工夫をしている例も見られます。

5・3 水の流れがつくる世界

（1）自然の水の流れ

　3 章で解説したように、自然の水の流れでは、高いところにある水が重力により下流に流れます。同様に、圧力の高い水は圧力の低いほうへ流れます。こういった高さ（熱力学的な言い方をすれば、仕事をする能力）を**ポテンシャル**と呼び、総じて水はポテンシャルの高いほうから低いほうへ流れます。

　自然の中で液体の水を持ち上げ、上流に運ぶには、途轍もないエネルギーが必要です。例えば階段でバケツの水を高層階へ運ぶことを考えるとかなりのエネルギー（労力）が必要なことを実感すると思います。3・2 節で説明したように、自然の世界では液体の水を持ち上げることはせず、基本は太陽エネルギー（熱）に

より水が気化することによって大気へ運ばれ、降水によって陸に水がもたらされ
ます。地球の環境温度・圧力条件で気化するという水の特性は、大規模な水循環
を生み出すうえでとても重要な特性です。自然にせよ人工的にせよ、水の流れの
勢いや規模、パターンによって美しさや圧巻の風景を演出するものがたくさんあ
ります。

(2) 水の流れの自然美

　水の流れの自然美といえば、第一に滝があります。世界三大瀑布はアメリカと
カナダの国境にあるナイアガラの滝（落差 51 m）、アフリカのジンバブエとザン
ビアの国境に位置するヴィクトリアの滝（幅 1,708 m、最大落差 108 m）、南米の
アルゼンチンとブラジルにまたがるイグアスの滝（幅 4,000 m、最大落差 82 m、
滝総数 275、別名、悪魔の喉笛）です。ヴィクトリアの滝とイグアスの滝は世界
遺産に登録されています。いずれも落下する水量の多さは圧巻です。水量は年間
平均でそれぞれおよそ 2,400 m³/秒（ナイアガラの滝）、1,000 m³/秒（ヴィクト
リアの滝）、1,700 m³/秒（イグアスの滝）ほどです。ちなみに、しばしば体積
の比較対象として登場する東京ドームの容積は 124 万 m³、華厳の滝の落下水量
は年平均で 3 m³/秒くらいです。南米ベネズエラのカナイマ国立公園内、ギニア
高地には落差世界一の 979 m を誇る滝があります。浸食によってできたテーブ
ルマウンテンから落水する滝であり、途中で水が空中に飛散して滝が消えてしま
うため滝壺が存在しない滝として有名です。アメリカの探検家エンジェル氏の名
にちなんでエンジェルフォールと呼ばれます。

　クロアチアにはプリトヴィッツェ湖群国立公園があります。山中に湖群があっ
てそれらが滝によって階段状につながっています。滝は 90 以上もあり、石灰華
によりエメラルドグリーンの湖面を見せる美しい景観をつくり出しています。

(3) 間欠泉

　水を低所から高所に汲み上げる自然の現象として間欠泉があります。一定の時
間間隔で水蒸気や熱湯を吹き上げる温泉が間欠泉です。吹上げ規模は大きいもの
で 100 m 以上もの高さに及ぶものがあり、その光景は凄まじさを感じさせます。
世界で初めて国立公園に指定されたアメリカのイエローストーン国立公園の間欠

泉や、アイスランドのゲイシールやストロックル間欠泉などが有名です。イエローストーン国立公園は世界最大の火山地帯に位置し、公園内には200以上の間欠泉があります。自然遺産の登録条件すべてを満たし、1978年に世界遺産に登録されています。間欠泉のしくみには**空洞説**や**垂直管説**などがありますが、自然の営みの中でできた地下の空間（空隙）構造とこれに流れ込む地下水およびこれを加熱する熱源の存在により間欠泉が生まれると考えられています。

　出口の小さな容器の中に充填した水を加熱すると水蒸気の発生により内部圧力の急上昇が起こり、この水蒸気が抜け出す際に出口側の水を吹き飛ばすいわゆる吐沸現象を起こします。間欠泉のしくみに類似した人工物としてコーヒーサイフォンがあります。水を汲み上げる力は水が沸騰して発生する水蒸気によるものです。**図5・13**にコーヒーサイフォンのイラストを示します。下のフラスコ内の水が熱せられ気化すると、体積が増加しフラスコ内の圧力が上昇します。例えば、1 g（約 0.001 L）の水が気化すると、1気圧、100℃では1,700倍（1.7 L）くらいに体積が増加します。フラスコ内の気体の圧力が上昇することによって、お湯がロートの足管を通ってロート上部の容器に押し上げられます。加熱を止めるとフラスコ内の温度は下がり減圧することによってロートのお湯が降下します。

　コーヒーサイフォンの原理において、実は、足管がフラスコの底にまで届いて

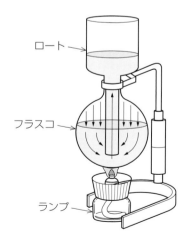

ロート

フラスコ

ランプ

図5・13 ●コーヒーサイフォンの原理図

いないことがミソです。少しだけお湯を残すことによって水蒸気を出し続け、お湯を持ち上げたまま水蒸気によってロート内をかくはんすることができるのです。

コラム 波と情報

空気の振動が空間を伝わって私たちの鼓膜を振るわせると音として感じます。空気の振動が音の本質であり、音が伝わる速度は空気分子の動く速度に依存するので、およそ秒速340mです。物質の種類、形態、接触の仕方や動き方などによって多様な空気の振動が生まれ、このことが多様な音の世界をつくり出します。音を生み出す物質が違っても、生み出す空気の振動パターンが類似していれば私たちには同じ音に聞こえます（音源の区別が難しくなります）。

空間を伝わる電気エネルギーの波である電波（電磁波）の場合、振動の周波数が高いほど、単位時間あたりに伝える情報量や情報の処理量は多くなります。例えば、モノラルのAMラジオ（1音源）よりステレオのFMラジオ（2音源）のほうが電波の周波数が高いのは、伝送する情報量に関係しています。テレビや携帯電話、コンピューターではどうでしょうか？　大量の情報データを送ったり処理するには、周波数の高い電波を使う必要があります。

波の情報をできるだけ単純かつコンパクトに表現する技術として、デジタル化技術があります。現代ではとても重要な情報技術です。波の周波数（振動数）は上述のように情報の質、解像度とも関連します。波の情報をどれくらい細かくデジタル化するか（解像度を上げるか）が情報の質と関わってきます。画像や音の世界では、解像度の高いデジタル情報によって人間がリアルと感じる画像や音に近づけることができます（**図5・14**）。私たちが大自然に接したときの感動や満足感は、情報量と質が関わっていそうです。

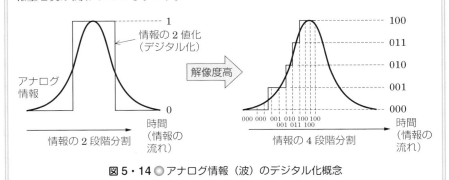

図5・14●アナログ情報（波）のデジタル化概念

章 末 問 題

●1.　雪片に見られるようなフラクタルな構造を有するものを調べてみよ。

●2.　水の音によって得られる印象や演出にはどのようなものがあるか、音の種類と印象・演出について調べよ。

●3.　水を汲み上げるポンプにはどのようなものがあるか？　種類と汲み上げるしくみを調べてみよ。

●4.　間欠泉のしくみと水が吹き上がる原理（学説）について調べよ。

●5.　水の伝わる速度（海流や津波、波の伝わる速度）について調べ、音や電磁波が伝わる速度と比較してみよ。

●6.　パソコン、スマートフォン、ラジオなどいろいろな情報を取り扱うものに用いられている周波数と取り扱う情報を調べて比較してみよ。また、いろいろな生物の心拍数と生物のサイズや寿命との関係を調べてみよ。

6章
水 と 文 明

　文明の興亡盛衰は水と深く関わります。人類は自らの力で水を得ている訳ではなく、自然の恵みによって水を享受しています。人が集まり都市が生まれるには、定住を可能にする安定した食料生産・供給が必要です。地球の水循環の構造はとても重要であり、このしくみに支えられ都市は成り立ちます。文明はその誕生以来、利水、治水をしながら発展してきました。現代は、水が世界を制すとまでいわれます。文明と水との関係を俯瞰することにより、改めて水の役割と重要性を確認できます。本章では、文明と水の関わりの歴史について紹介します。

6・1　文明の興亡と水

(1) 文明の誕生

　文明の定義にはいくつかの視点があります。一般的に考えられている文明の要素は、**効率的な食糧生産力**（穀物の栽培）、**人口集中**（都市）、**文字や科学・技術の発達**、**文化の蓄積・継承**、**生産物余剰の蓄積や交換を通した交流・交易**、**職業や階級の分化（存在）**、**動物の家畜化**などがあります。文明誕生の条件には諸説あります。人が集まり都市が生まれる理由と、それを支える自然の環境条件を考えるのが基本です。自然の環境条件について注目すれば、文明の誕生および発達には水の存在は不可欠です。人が生きていくためには水が必要ですから当然のことですが、ここでいう水とは食糧生産に必要な水です。諸説ありますが、人類が農業を始めたのは1万2千年くらい前と考えられています。麦、豆などを収穫していたことが知られています。必要な水が確保できる地域で農業が始まり、安定した食糧が確保できるとその地域にはさらに人が集まり、生産量が増え、生産物の交換や人の交流が始まり、富の偏在を生じ、やがて権力者が現れ、崇拝する象徴や信仰の建造物がつくられ人々をまとめ統一します。こうして都市・社会が

97

生まれるのが文明誕生という訳です。**灌漑農業**には**治水**も必要とされ、洪水対策として暦や天文学、土木技術や度量衡などが発達したと考える説もあります。もちろん、こうしたことが可能な人間の脳の発達が前提です。**ホモサピエンス**は**フィクション**を信じ集団で行動できる人種であることが文明誕生につながったと考える説もあります。高度なピラミッドや巨大建築が文明誕生の中心になったと考える学者もいます。メキシコシティ北東部に生まれたテオティワカン文明、ペルーのアンデス文明などは発掘によって都市が生まれる前に大きな神殿がすでに造られていたと考えられています。トルコのギョベクリ・テペ遺跡では、農業が始まる前に狩猟移動民たちが建造物を造ったようです。人の心から文明発達のメカニズムを探る認知考古学では、自然のしくみ（なぜ太陽は沈み再び復活するのかなど）を知りたいという人々の欲求から文明が始まったと考える説があります。エジプト文明では権力をもつ王がピラミッドを造らせたと考えられていますが、王のいない世界では**暦**や**信仰の象徴**などの役割を有するピラミッドのような**巨大建築物**が造られ、そこに人々が集まるようになって文明が生まれたと考えられています。

(2) 古代文明

　紀元前 3000 年頃からメソポタミア文明（チグリス、ユーフラテス川）、エジプト文明（ナイル川）、インダス文明（インダス川）、中国文明（黄河など）のいわゆる世界四大文明が栄えました。いずれも灌漑による農耕を行う文明に発達しました。インダス文明は焼レンガを作り、レンガを利用した排水渠により、生活排水を流す下水道の概念をもった文明だったようです。世界四大文明は大河のもとに生まれたと知られていますが、それらの地域はいまは砂漠、半砂漠や砂漠近隣の地です。文明が栄えていたときには緑が多い地域だったと考えられています。中国文明以外はその後、滅亡し断絶しました。

　なぜ大河の近くに文明が生まれたのでしょうか。大河には**表 6・1** に示す機能があります。大河の存在は大量の水供給とともに肥沃な土地を生み、これによる農業生産力の増加が契機となり都市の形成につながっていきます。したがって、文明誕生に必要な自然条件がそろう場所が大河の近くということになります。現代でも多くの大都市は大きな河川の流域に栄えています。東京のように、農地が

都市から遠くに離れた構造の都市も多くあります。一方、大河の存在は必ずしも文明誕生の条件ではないという見方もあります。実際、大河のない地域でも文明は誕生しています。砂漠地域に人が集まり文明が生まれた例、川ひとつない絶海の孤島に文明が生まれた例があります。そのような文明にも水資源は確保されていました。

表6・1 ● 大河の機能

①	川周辺の土地は肥沃で農耕に適している
②	大河は時折氾濫して肥沃な土地をもたらす
③	生活水の入手が容易
④	衛生的（大量の水確保と都市を汚さぬ排水が容易）に有利
⑤	人やものの輸送（船）に便利
⑥	氾濫する川に対抗する治水、利水の学問、季節を把握する天文や暦の学問の発達

　2000年ほど前に、現在のヨルダンの渓谷にペトラ（世界遺産1985年登録）と呼ばれる文明が栄えていました。ペトラが教えてくれることは、岩礁地帯で農業に向かない渓谷の地でも、水を蓄える**治水システム**を備えれば都市が生まれるということです。ペトラの年間降水量は日本の1/10くらい（200 mm／年程度）と少なかったようですが、治水により水路を引いて街中に降水を集めて貯水するとともに、給水するインフラを備えました。一時は3万人くらいの都市に発展し、それだけの人間が生活することが可能な水量を確保していたようです。都市が生まれるには人々の生活に必要なものがそろう必要がありますが、なんらかの経済力を背景にして、必要な物を確保でき、インフラを備えることができれば都市が生まれます。ペトラの場合、スパイス交易の拠点として栄えたことから経済力を得たようです。この例のように、文明が生まれる条件として、大河のほとりであることは必須ではないといえますが、水資源の確保が必須であることは他の文明と変わりません。

（3）文明の衰退

　文明の衰退を招く要因には、**気候変動、急激な環境変化・災害、環境汚染、他国による侵略、内紛、疫病、資源の枯渇**などが考えられます。都市が発達するこ

とによって、水、食糧、木材などの資源がいっそう大量に必要になると森林伐採、農地拡大、過剰な取水、他の水源からの引水などによって不足する資源を満たします。さらに都市化が進み、生産、消費が増大すると、都市の外に必要なものを探し求め、輸送する文明へと発展します。しかし、そのような発展には限界があり、自然との共生を実現しなければ遅かれ早かれさまざまな問題に直面します。気候変動による干ばつや長期的な河川や地下水の水量減少が起これば、水不足と土地の荒廃が進み、厳しい環境条件を克服するための努力や都市の発展を支える投資も低下していきます。その末路として、土地の放棄があります。

　先に紹介したペトラは地震による水インフラの壊滅的ダメージにより崩壊したという説があります。アメリカのニューメキシコ州チャコ渓谷に、7世紀から500年ほど続いたアメリカ先住民アナサジ族の文明がありました。都市を築いたアナサジ族は高い灌漑技術や当時としては高層の数階建ての建築技術も有し、指導者や技術者も生まれ数千人規模の都市にまで発達しましたが、12世紀に忽然と滅びました。長引く干ばつや都市化が招く環境破壊に陥り崩壊したと考えられています。都市を放棄して自主的に移住したという説もあります。

　メキシコ南東部において紀元前から15世紀まで栄えたマヤ文明では、水不足や水の汚染が文明衰退に影響したと考えられています。遺跡には、水乞い（雨乞い）をした記録があり、生贄を捧げた跡が残っています。マヤ文明は漆喰を使い大量の水を消費していましたが、気候変動により降水量が減少したこと（干ばつ）により水不足に陥ったと考えられています。戦争による疲弊が影響し、人々がマヤの地を去ったという説などもあります。現在のマヤ地域は水と緑豊かな森が戻っています。

　このほかの文明として、タイのクメール王朝は9世紀頃から栄え、安定した水の供給源を有する大都市でした。水路と貯水池を開発し農業を発展させました。この文明も人口増加による水の消費量の増加が水資源の枯渇を招き、さらに戦争による疲弊がかさみ16世紀に衰退しました。

　基本的に、自然の水の循環量（自然のしくみで地域にもたらされる水量）を超える水利用は、文明の発展にブレーキをかけることになります。都市には自然の水の供給量に見合う成長の限界があります。文明は利水によってこの限界を引き上げてきましたが、気候変動による降水の減少、河川や地下水の流路変更による

水供給の減少や水源が汚染するようなことが起これば、利用可能な水資源の減少をきたします。居住条件が悪化し健全な水へのアクセスが困難になれば、移住を余儀なくされます。都市から人が去れば文明は衰退します。民族移動の原因は水であることが多いともいわれます。灌漑農業を行う文明にとって水は必須の資源であるため、多くの文明で水に対する信仰が見られます。雨乞いは世界的に見られる儀礼です。さまざまなかたちで水の神を祀り、水の恵みや豊作を祈願する習慣は現代にも引き継がれています。

(4) 治水・利水

　文明は、大量輸送を可能にする目的で船舶の移動が可能な運河（水路）を開削しました。水路は物資の輸送に利用され、水運が重要な役割を果たすようになります。運河には**内陸運河**と**海洋運河**があります。内陸運河は河川や湖沼をつなぎ、海洋運河は海洋間や海洋と内陸の水路をつなぐものです。代表的な運河を**表6・2**に示します。17世紀頃から歴史に残る大きな運河がたくさん造られるようになります。1760～1830年代、英国は運河時代を迎えます。運河は**水運**の発達により多大な経済効果をもたらし、後の産業革命では基幹的な輸送手段として活躍しました。人や物資の輸送をより早く便利にするという意味で、運河は文明の発展において大きな役割を果たします。運河の用途は工業、農業用水、飲料用など多岐にわたりますが、なかでも水運の役割は大きく、物資輸送の高速化に寄与しました。

　日本では、江戸時代に大阪や江戸に運河がたくさん造られ運河網が発達しました。都内の小名木川の開削（1590年）や宮城の貞山堀（1601年）の開削などがあります。都市や農地に水を引くためなどにつくられる水路のことを**疏水**と呼びます。疏水は灌漑、舟運など多様な役割を担います。近世初頭は物流を主目的として水路が開削されましたが（**表6・3**）、その後、運河の役割は多目的なものになっていきます。疏水は日本中にはりめぐらされ、都市の発展において歴史的にも重要な役割を果たしてきましたが、やがて陸上交通網の発達によりその役割は低下し、江戸時代に造られた多くの運河は埋め立てられました。近年は東京湾の埋立てにより埋立地間の運河が多数誕生しています。川から眺める景色は陸とは違う広がりを持つ素晴らしいものがあるという観点などで、水運の役割が見

表6・2 ◉ 世界の運河（アルファベット記号は図6・1中のものに対応）

開通/ 運用開始	国	名　称	区　間	備　考
610年	中国	京杭大運河（a）	華北（北京）〜江南（杭州）、 1,776 km	世界遺産 （2014年）
1681年	フランス	ミディ運河（b）	ガロンヌ川〜トゥー湖、 240 km	世界遺産 （1996年）
1761年	イギリス	ブリッジウオー ター運河（c）	ランコーン〜リー、 約66 km	1760〜1830年 代、運河時代
17世紀	オランダ	アムステルダム の運河（d）	100 km以上、ヘーレン運 河、プリンセン運河、ケイ ザー運河など	世界遺産 （2010年）
1825年	アメリカ	エリー運河（e）	ハドソン川〜エリー湖、 584 km	
1856年	フィンランド	サイマー運河 （f）	サイマー湖〜ヴィボルグ （ロシア）、43 km	
1869年	エジプト	スエズ運河（g）	地中海と紅海を結ぶ、 164 km	
1895年	ドイツ	キール運河（h）	北海〜バルト海、98 km	北海バルト海運河
1914年	パナマ共和国	パナマ運河（i）	太平洋と大西洋を結ぶ、約 80 km	
1959年	トルクメニス タン	カラクーム運河 （j）	アムダリヤ川〜1,375 km	灌漑、水運用、 世界最大
1959年	カナダ、 アメリカ	セントローレン ス海路（k）	モントリオールからエリー 湖、600 km	

表6・3 ◉ 日本の運河の例

開通年	名　称	所在地	区　間	目　的
1614年	高瀬川	京都府	京都中心部と伏見、9.7 km	水運（物流）
1615年	道頓堀	大阪府	木津川〜東横堀川、2.5 km	水運（物流）
1654年	利根川 （関宿〜鬼怒川 合流点）	千葉県、 茨城県	関宿〜鬼怒川合流点、 約25 km	治水・水運
1883年	安積疏水	福島県	猪苗代湖〜郡山市、130 km	農業、工業、飲用水
1885年	那須疏水	栃木県	那珂川〜那須野が原	農業、飲用水
1890年	利根運河	千葉県	利根川〜江戸川、8.5 km	水運用
1890年 1912年	琵琶湖疏水（第1） 　　　　　　（第2）	滋賀県、 京都府	大津〜鴨川上流点間、 第1、第2 約8 km	水道、発電、灌漑、 工業、水運

直されています。

　世界においては、現在もヴェネチア、アムステルダムなど運河網が発達した都市が残っていますが、多くの都市では 20 世紀になって陸上交通網（鉄道に始まり近年はトラック輸送）が発達したことより、運河の重要性は低下しました。

　農耕の普及に伴う灌漑用水の確保を目的として文明は水を引くための運河を造りましたが、これにあわせてダムの有効性を知り貯水するという概念が生まれます。ダムは紀元前、エジプトで建設されたものが最古といわれており、ピラミッド建設用の労働者の飲料水確保のために造られたと考えられています。その後、第 12 王朝時代に灌漑用のダムが造られています。シリア、中国などでも紀元前にダムが造られています。20 世紀になると大型の多目的ダムが造られるようになります（**表 6・4**）。農業用、水道用、工業用、水力発電、洪水調節を含むダムが世界中で造られています。（**図 6・1** 参照）

　日本では、農業が普及して灌漑用のため池が造られ始め、仁徳天皇の時代には大規模な治水工事（水路や堤防の建設）がなされたことが日本書紀に記されています。灌漑用水の貯水や治水の意味でダムも造られました。狭山池（大阪府、616 年頃建設という説がある）、満濃池（香川県）は現存する最も古いダムです。日本にはおよそ 2,700 基（1867 年以前に竣工したものがおよそ 300 基、明治以降は約 2,400 基）、総貯水容量 270 億 m³ 規模のダムが造られてきました。日本のダムによる貯水量は 1 人あたりに換算すると利水・治水事業を進める主要国の中では必ずしも多くはありません（**図 6・2**）。ため池は全国に約 16 万カ所存在し、その多くは江戸時代以前に建造され、西日本に多く見られます。ため池は農業用水のための貯水目的に造られますが、生物が生息し生態系を保全する機能や洪水調整の機能なども伴います。人々にとっては憩いの場ともなり、多面的な役割を有しています。

　水害に見舞われる都市では、水害から都市を守るため治水技術が発達しました。エジプト文明のように、河川の定期的な氾濫により肥沃な耕作地がつくられ農耕の生産性が上がる地域では、積極的な治水はなかったようです。中国では、紀元前 8 世紀から紀元前 5 世紀の春秋時代に黄河の大堤が建設されました。史記には戦国時代（紀元前 5 世紀〜紀元前 221 年頃）に大規模な治水がなされたことが書かれています。堤防は高くせず、**浚渫**や障害物を除去する方策が採られ

表 6・4 ● ダム建設の歴史（カッコ内の番号は図 6・1 中の番号に対応）

【世界】

完成年	国	名　称	目　的
BC2750 年頃	エジプト	サド・エル・カファラダム（1）	水道
BC1300 年頃	現シリア	ナー・エル・アシダム（2）	水道
BC 240 年頃	趙	グコーダム	
ローマ帝国時代	ローマ	多数	水道
1594 年	スペイン	チビダム（3）	水道
1936 年	アメリカ	フーバーダム（4）	多目的
1954 年	ウガンダ	オーエン・フォールズダム（5）	発電・水道
1958 年	中国	三門峡ダム（6）	発電・灌漑
1962 年	スイス	グランド・ディクサーンスダム（7）	発電
1968 年	カナダ	ダニエル・ジョンソンダム（8）	発電
1970 年	エジプト	アスワンハイダム（9）	多目的
1980 年	タジキスタン	ヌレークダム（10）	発電・灌漑
1986 年	ベネズエラ	グリダム（11）	多目的
1991 年	ブラジル、パラグアイ	イタイブダム（12）	発電・水運
2009 年	中国	三峡ダム（13）	多目的

【日本】

竣工年	名　称	所在地	目　的
616 年	狭山池ダム	河内国（大阪府）	灌漑
731 年	昆陽池	摂津国（兵庫県）	多目的（治水・灌漑）
1891 年	本河内高部ダム	長崎県	水道＋洪水調節
1900 年	布引五本松ダム	兵庫県	水道
1955 年	上椎葉ダム	宮崎県	発電
1956 年	佐久間ダム	静岡県・愛知県	発電・多目的
1960 年	奥只見ダム	新潟県・福島県	発電
1961 年	御母衣ダム	岐阜県	発電
1963 年	黒部ダム	富山県	発電
2008 年	徳山ダム	岐阜県	多目的
2020 年	八ツ場ダム	群馬県	多目的

＊図中の番号と記号は表6・2および表6・4に対応

図6・1 ◉ 世界のダムと運河

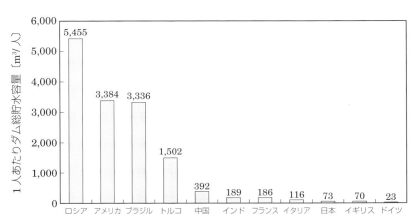

（注）1. ウェブサイト「World Register of Dams」のデータをもとに国土交通省水資源部作成
　　　2. 総貯水容量1億m³以上のダムを対象
　　　3. 日本の総貯水容量1,000万m³以上のダムを集計すると152 m³/人

図6・2 ◉ 1人あたりのダム総貯水量
（出典：国土交通省水資源部編　平成16年版「日本の水資源」）

たようです。欧州はアジアに比べれば気候的に水害が発生する頻度は高くありません が、土地が海抜0m以下と低いオランダにおいて、17世紀に治水が発達し、浚渫、堤防設置、河口に堰を築く治水がなされています。河川が急峻で、河況係数が欧州などよりも何倍も大きな日本の河川は水害を受けやすい地理的条件にあるため、洪水に悩まされてきました。最初の大規模な治水事業は、武田信玄による信玄堤の造築といわれます。堤防を造り、護岸を強化する治水がなされましたが、明治時代には、河道直線化、高い堤防、放水路で海へ流下しやすくするという考え方で分水が造られました。その後、昭和の時代にはダムを建設して、ダム＋河川改修の組合せの洪水対策が講じられました。現代は、気候変動影響の顕在化もあって、従来の概念を超える治水対策が講じられるようになりました。河川の拡幅、河川や沿岸域の堤防の強化、遊水池、調整池や放水路の整備などです。東京の**スーパー堤防**事業の状況を**図6・3**に示します。現代の治水対策は経済的負担が大きく、長期事業となることから財政を圧迫します。欧州では人工的な河川の改修やダム建設といった治水に対する批判もあり、自然的な姿に近づける治

図6・3 ●東京の堤防
（出典：東京都建設局Webサイトを元に作成）

水に見直す動きがあります。また、ハード面（構造物）による治水だけでなく、ソフト面（避難方法）の治水対策が重視されるようになりました。

(5) ポンプの発明

都市が自然から得られる水の量は気候や地理的な制約から逃れられませんでしたが、17世紀には**ポンプ**の発明によって、文明はこの制約から解放される日を迎えました。必要な水を効率良く汲み上げ、多くの水を自由に都市にもたらすことができるようになったからです。後述するように、近代水道の普及は、衛生的で便利な暮らしを実現します。こうして都市化と水利用の多様化が進み、時代はいっそう水を消費する暮らしへと動いていきました。

(6) 水道の発達

水道の起源は、インダス文明のモヘンジョダロ（紀元前2500〜紀元前1800年頃）です。遺跡から給排水のシステムが見つかっており、この時代に水道の概念があったことになります。こののち、水道、下水道を有する水文明を発達させたのが古代ローマ文明です。アッピア水道（紀元前312年）は現存する最古の水道です。古代ローマは、水不足を補うために水道を引いたと考えられています（紀元前312年〜3世紀頃）。遠路、水道を造るということは、安定した水確保に不安があることのあらわれともいえます。ポンプのない時代に大量の水を都市に運ぶのは困難です。自然流下による導水となるため安定した水確保には高所から水を引かざるを得ず、水源を求めて遠路水路を引いたと考えられています。砂漠地帯では、効率良く水を集めて利用するための**カナート**（地下用水路）や、**ファラジ**（地下用水路を利用する灌漑システム）がつくられました。**図6・4**に主要都市の水道水源を示します。日本は表層水の割合が高いですが、地域によっては地下水の割合が高いところもあることがわかります。

原水を濾過処理したのち常時給水する近代式の水道は、19世紀に英国で生まれます。産業革命による都市の産業化、近代都市建設の流れを背景にして、19世紀にヨーロッパで近代水道が普及していきます。当時は、不衛生な飲料水や汚水のために疫病に悩まされており、衛生的な都市にするために近代水道の普及は重要でした。日本では、戦国時代に北条氏によって引かれた小田原早川上水が最

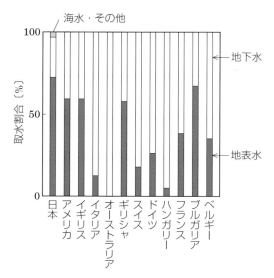

図 6・4 ● 世界の水道水源の種別
（出典：水の日本地図）

古の水道とされています。その後、江戸時代に神田上水（1590 年）や玉川上水（1654 年）が引かれ、江戸の町に水道が生まれました。神田上水は井之頭池の湧き水を江戸の街中まで水路で 20 km 以上も運びました。日本における近代水道は、1887 年から横浜水道によって始まりました。

　現代においても大都市の水源確保は大変です。特に都市近郊に十分な水源がなければ遠路水路を引かざるを得ません。アメリカのロサンゼルスは、かつて、安定した水の供給源のない街でしたが、40 km 北部にあるオーエンズバレーの水源に着目し、何度となく紛争を経て 20 世紀初めに約 375 km の水路を建設しました。その後、都市の拡大によって水源の負荷が大きくなったため、新たな水源からの用水路を建設しています。日本でも関東のように水需要の多い都市では、安定供給のため多額の財源を投入して利水事業を進めてきた歴史があります。

　水道の普及によって飲用水は難なく得られますが、世界中で安全で衛生的な水道水を利用できる国は近年でも多くはありません。

（7）下水道の発達

　最初の下水道は、メソポタミア文明の都市に造られたものとされています。その後、インダス文明の都市モヘンジョダロにおいて、トイレと風呂の跡が発掘されており、そこではトイレや風呂の排水は雨水の排除を兼ねた下水渠を通してなされていたことがわかっています。中世において、ヨーロッパの都市では汚物が街中に投棄され衛生状態は悪かったようです。中世後半から簡易な下水道が造られますが、初期の下水道は下水を未処理のまま河川に放流していたため河川の水質汚濁が問題になっていたようです。このように、下水道があっても最終処理施設がなければ結果的には自然への垂れ流しになり、自然の浄化機能・速度を超える汚水の排出になれば環境汚染に繋がります。都市の発展に伴う排水量の増加に対しては、水環境の健全性を維持するうえでも排水をきれいにして自然に返すことが必要です。近代の下水処理が行われるようになるのは19世紀末になってからです。イギリスのギルバート・ファウラーが、下水中の浮遊微生物の急速な沈殿により綺麗な上澄みが得られることを発見し、これにより微生物による下水処理が広がりました。これは、現在の水処理の主流である**活性汚泥法**の始まりであり、下水道の整備は都市の衛生化に直結することから都市の近代化とともにその普及が進みました。

　日本の下水道の起源は弥生時代（2300 ～ 1750年前）に遡り、下水や屎尿を環濠（堀）に垂れ流すしくみがありました。3世紀～6世紀の古墳にはトイレや雨水の排水溝が見つかっています。7世紀末にできた藤原京には、総延長200 kmに及ぶ雨水排除用の側溝が造られています。側溝から水流を家に引いて水洗トイレとした跡も発見されています。この跡にできた平城宮では、より計画的に排水システムが造られています。

　江戸の町では雨水や生活排水は木樋（木製の水道管）や竹筒を通して流され川へ放流し、汲取り式だったトイレの屎尿は肥料として農地で利用されました。生活排水を無駄なく利用する習慣があった江戸の町では、下水の量は少なかったようです。このため、下水の排水先の汚染も問題にならなかったようです。1922年、日本で最初の下水処理施設が東京都三島にできます。散水ろ床法と呼ばれる微生物膜法を用いた処理法を適用した処理施設でした。

　2020年に、世界人口は77億人を突破しています。世界で近代的な水道と下

水処理設備を有する下水道を備えた都市の人口は、2014年時点で5.5億人程度といわれいまだ多くはありません（**図 6・5**）。日本は高度な下水処理を行っている国の一つです。都市の排水管理の目安は下水道普及率です。イギリスは150年以上の月日をかけて下水道を普及し、2006年統計の時点で処理人口普及率は97％です。このうち、高度処理をしている人口数でみると約42％です。スイス（96.7％）、ドイツ（93.5％）、オランダ（99％）などは下水道普及率が高い国として知られています（図6・5）。日本の下水道の歴史はヨーロッパの国々に比べ浅く、普及率は2019年時点で79％程度です。大都市では99％レベルの普及率ですが、人口の少ない地方の都市部では80％を下回る所もあり、地域によっては30％を下回ることもあります。

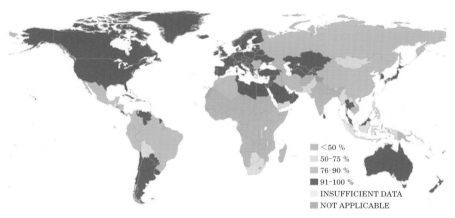

図 6・5 ● 基本的な衛生施設を利用できる人々の割合
（出典：Progress on Drinking Water, Sanitation and Hygiene 2017
(update and SDG Baselines)、JMP）

　日本のような人口減少が進む社会では、経営基盤の強化という経済的な課題も発生しています。水道や下水道なのどの水インフラにも寿命があります。インフラの維持や老朽化したインフラの更新は財政を圧迫するため、少子高齢化が進む都市では大きな課題です。地震の多い日本では耐震性を備えた水道管、下水管に入れ替える事業が進められ、災害に強いインフラを備える都市づくりが進んでいます。

6・2　現代の水利用と保全

(1) 節　水

　人口増加に伴う水利用の増加と水不足、水資源環境の悪化が叫ばれるなか、時代は節水を進めるようになりました。私たちの暮らしにおいてもさまざまな場面で節水が求められています。蛇口の節水コマ、節水トイレ、節水シャワー、節水・省洗剤洗濯、風呂の残り湯の利用、食器のつけおき洗いや溜め水の利用、冬場の食洗機の利用、無洗米の利用、とぎ汁の園芸利用など、技術と暮らしの工夫によって節水できる時代です。取水した水をできるだけ有効利用する（簡単に自然に排水してしまわない）ことが節水に繋がります。日本では質の高い水道が発達したため、暮らしの水のほぼすべてに上水を利用していますが、水洗トイレの水や園芸用の水、打ち水の水などは必ずしも上水である必要はありません。簡易な再生水で目的を満たせるのであれば、その利用を増やすことも節水になります。雨水を貯水して利用することによって節水を図ることもできます。こうした貯水は、ライフラインにも被害が及ぶような災害時の減災にも役立ちます。

　農業用水や工業用水にも節水が進んでいます。灌漑用水の確保、地下水源の保全（涵養、海水侵入防止など）、地域独自の水資源確保によるものや、公共用水域への汚濁物質の排出量の削減、環境の向上などによる、下水処理水（再生水）の利用の増加によって節水が図られています。

　水道の維持管理の面では、水道管の漏水率の改善によって節水が図られています。現代の水道が始まった当初の水道の漏水率は非常に高いものでしたが、近年の技術的進歩により漏水率は数％（東京都水道局）レベルまで改善しています。

　水資源の効率的・多角的利用により、都市のさまざまなところで節水を図る都市づくりが始まっています。シンガポール政府は、継続的に水資源の確保に取り組んでいます。年間約 2,400 mm の降水の集水を図り、国の 60 ％近くが集水域として機能しています。膜濾過と紫外線殺菌による下水の高度処理により NEWater と呼ばれる再生水を水源としています。また、海水の淡水化により全需要の 25 ％を賄うことで、隣国からの水の輸入を削減しています。このように水の利用効率を高め、かつ、環境負荷を低減する取組みが世界的に広がっています。

(2) 下水利用の高度化

下水道には、**水系伝染病の予防、生活環境・水質の保全、洪水防除**といった役割に加えて、**都市の水資源、都市排熱の媒体**、カーボンニュートラルの有機資源（窒素、リンなど含む）などの**都市内に分散した資源の収集**という機能があります。下水の資源収集機能は、都市における資源循環システムの重要なインフラとなります。下水は屎尿と雑排水がほとんどですから、ここから、窒素、リン、カリウムなどの農業に必要な栄養塩を回収して農地に戻す下水循環の構築が資源の有効利用につながります。その意味では、江戸の暮らし（屎尿の肥料への利用など）はこの資源循環がなされた素晴らしいものでした。今日、汚泥の資源循環（建築資材利用、緑地・農地利用）、エネルギー循環（消化ガスの生産と発電）の形成など、下水汚泥の有効利用が進んでいます。**都市鉱山**の話があるように、視点を変えると下水には資源がたくさんあることがわかります。

(3) **水環境保全**

文明の発達は、同時に環境汚染をもたらしました。水環境の汚染は主に生活排水や屎尿の排水によるものでした。今日、大気、水、土壌環境の汚染は地球規模の問題になり、この問題を引き起こしているのは現在の文明です。地球温暖化問題は大気や水環境の構造、動態に影響を及ぼすものであり、近年、南極の棚氷の崩落、氷河の後退、局所的な激しい集中豪雨、海水面上昇、海洋生態系の破壊、スーパー台風など異常気象の増加が顕在化しています。また、海洋においては、船舶の事故による油汚染、栄養塩の流出による沿岸域の汚染、漂流物による汚染、**マイクロプラスチック**による汚染などが数多く発生しています。

文明による水環境汚染を防ぐため、第一に、効率的な水利用を促進し排水を極力減らすこと、排水を処理し環境に負荷を与えないようにすることが大切です。下水道、合併浄化槽、下水処理場の普及率を上げるとともに、私たちの水に対する認識と意識を高めることが重要です。利水に主眼を置き水を確保してきた従来の政策を見直し、自然界における水資源の確保を考慮した長期的な政策の推進や水環境を取り巻く自然、歴史、文化、社会条件等の特性や地域の民意を踏まえた保全という考え方が生まれました。世界の各地では、近年、**流域保全**という考え方により水資源の維持、流域生態系保全、動植物保護などを図る幅広い保全活動

が見られます。国際 NGO である**世界自然保護基金**（WWF：World Wide Fund and Nature）は、1999 年のラムサール条約会議において、「生きている水キャンペーン」の開始を宣言し、流域保全を主眼とするプロジェクトを世界のいくつかの大河で実施することにしました。これには、堤防の解放による干拓地の自然復元、ダム建設のとりやめ、森林を含む流域の保全と水資源確保などがあります。これにより、自然本来の姿を大切にし、自然と共生する世界観の重要性が強く認識されるようになりました。日本では**表 6・5** のような水環境保全に関わるさまざまな制度が実施されています。水に関する知識を広め水環境の保全を PR し一層推進することを目的として、水環境はもとより、水によって育まれる森林などの自然の重要性、水とともにある地域づくりの重要性が認識され制度に反映されています。

表 6・5 ◉ 水環境の保全に関係する日本の百選

名　称	選定・活動母体	目的等
名水百選（1985）平成の名水百選（2008）	環境庁 環境省	全国に存在する清澄な水を再発見するとともに、これを広く国民に紹介し、水環境保護の推進と水質保全のための意識を高める
水の郷百選	国土庁（現、国土交通省）	水環境保全の重要性を広く国民に PR し、水を守り、水を活かした地域づくりを推進する
水源の森百選	林野庁	森林の役割を紹介し理解を深める
日本の渚百選	大日本水産会ほか	海や海辺の重要性の啓発、環境保全
ため池百選	農林水産省	ため池の歴史や多様な役割、保全の必要性について国民からの理解を得る契機とする
日本の水浴場 55 選（1998）88 選（2001）、百選（2006）	環境庁 環境省	国民の水とのふれあいを通じた水環境の保全に対する理解と協力の促進。関係自治体などにおける、よりよい水浴場の実現への取組みの支援

　近代になって文明は技術力を駆使して都市を拡大し、水・食糧、エネルギー資源の不足を満たしてきました。今やそれにも限界があることを世界は十分認識しています。「**宇宙船地球号**」「**成長の限界**」といった言葉がこのことを象徴しています。文明は、水とともに生きるため水環境保全もなす時代になりました。現在は、この認識に立って、持続可能な社会をいかに構築していくかという議論が国

際社会でなされています。

　水は自然の恵みであって、たとえ都市が高度な水インフラを整備しても、健全な水源（自然の水供給）がなければ文明は機能しなくなります。科学技術が飛躍的に発達した現代においても、水資源確保は各国の最重要課題です。生命は、その誕生のときから本質的に資源の獲得競争から逃れることができません。資源は有限かつ偏在することから、資源の獲得と分配の問題が背景にあり、文明は発展と拡大の途上で衝突を繰り返してきたという歴史があります。私たちは水環境の保全に努めながら自然との共生を考えていかなければなりません。平和的に持続可能な文明の方向性を模索し続けることが現代の文明の課題です。

コラム　文明と文化

　文明と文化の違いは何でしょうか。文明は国、人種、地域や歴史などに関係なく人類が共通に利用したり行動したりする普遍的なもの、習慣や物であり、一方、文化はその国や地域、人種に特有のもの、行為、考え方などであるという捉え方があります。司馬遼太郎のたとえでは、日本で"ふすま"をあけるときに膝をついて両手であける所作の話があります。この所作は特にそれをしなくても困るものでもありませんし、なくてはならないものでもありません。この意味でこの所作は日本人の文化であって文明ではないことになります。一方、火を使うとか家を建てる、水道・下水を利用するといったことは地域や国、人種を問わず普遍的に使用するものであって、実際、互いに独立した都市で同じように人々が利用していれば、これらは文明と捉えられます。水の利用には文化的なものもたくさんありますが、少なくとも水という物質の科学的特性を利用していることは文明と捉えられます。

　日本の銭湯は海外では見られない特有のものです。日本の風呂の歴史をみると、沐浴のため寺院に浴室がつくられるようになり、のちにこれが庶民に浴を施す施浴の場にもなりました。庶民に浸透するのは江戸時代になってからです。当初の銭湯は蒸し風呂であったようです。時代とともに銭湯は日本固有の変化を遂げ、現在のようになりました。

　打ち水は昔ながらの日本の風習・文化です。水の多い都市ならやっていそうな習慣と思いますが日本のような打ち水を行っているところは海外には少ないようです。毎年、日本のあちこちで打ち水イベントが開催されています。二次利用水を用いることがお約束のイベントですが、その効果が期待されます。

章 末 問 題

1. マヤ文明やイースター島の文明が衰退した原因について調べ、水資源問題の有無を考察せよ。

2. 世界の水紛争について調べ、問題点をまとめよ。

3. 水に関わる文化的行事を調べ、水との関わりおよび特徴をまとめよ。

4. 下水道利用の高度化の例として、都市におけるエネルギー循環や資源循環の核とする考え方がある。どのようなものか調べよ。

5. 古代文明から現代に至るまでのトイレやゴミ処理の歴史について調べよ。

6. 江戸の水道・上水についてしくみを調べよ（参考：東京都水道歴史館にいろいろな資料展示がある）。

7章
生体と水の科学

　水は私たちの体を潤すだけではなく、生命活動においてさまざまな役割を担う必須の物質です。生命は水の中で生まれ、水を巧みに利用して進化してきました。このことが現在の生物のしくみの中に保存されています。本章では生体における水の存在とそのはたらきについて学ぶとともに、生体を癒す水、美味しい水の科学について解説します。

7·1 生体の水

(1) 水のはたらき

　地球に存在する生物はすべてその体内に多量の水を有しています。水が生物にとって必要不可欠な物質であることはもはやいうまでもありません。では、どのような役割を担っているのでしょうか。生物体内で起こる**生化学反応**（代謝反応）は、基本的に反応する物質が水に溶けた状態で起こります。それは物質を細かくするとともに体内の隅々まで移動することを可能にし、反応する相手と接触する機会を得るためにとても重要なことです。

　具体的には

① 　いろいろな物質を溶かす

② 　液体で流動することにより必要な物質を体の隅々に運び不要な物質を回収するのを可能にする

③ 　代謝反応の場になる

④ 　生体の温度を調節する

⑤ 　生体内のさまざまな反応に関与する

⑥ 　生体分子の立体構造形成・機能化に寄与する

などのさまざまな役割を担っています（**図7·1**）。

　生物の体を構成する細胞の構造や、タンパク質などの**生体分子**の立体構造を安

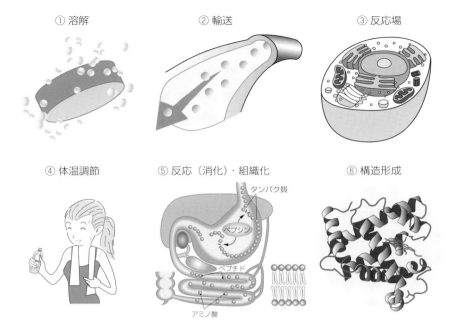

① 溶解 　　② 輸送 　　③ 反応場

④ 体温調節 　　⑤ 反応（消化）・組織化 　　⑥ 構造形成

タンパク質

ペプシン

ペプチド

アミノ酸

図7・1 ● 生体中の水の働き

定に保つうえで水の存在は欠かせません。ヒトの場合、数十兆個あるといわれる細胞が生きるためには多くの水が必要であることは容易に想像できると思います。水分子が水素結合によりクラスター構造を形成することや、生体分子に吸着する性質（水和といいます）が細胞や生体分子の立体構造の安定化に寄与します。

　例えば、タンパク質はアミノ酸分子がたくさんつながった一本鎖の高分子から成りますが、一本鎖のままでは生命現象に関わる高度な機能を発現できません。この一本鎖の高分子は、とても複雑ですが、精密な立体構造を形成することによって、極めて選択性の高い分子認識や酵素機能など生体内において重要な機能を獲得します。タンパク質の立体構造は、アミノ酸分子間の引力相互作用、多量の水にはじかれて疎水的な分子が集合する作用（**疎水性相互作用**）および水和などによって階層的に極めて正確に形成されます。一本鎖のアミノ酸高分子からタンパク質の立体構造を形成することを“**折りたたみ（フォールディング）**”といいます（**図7・2**）。この構造形成は液体の水という場（環境）がなければなし得ず、水は生体分子を形づくるうえでとても重要な役割を担っています。

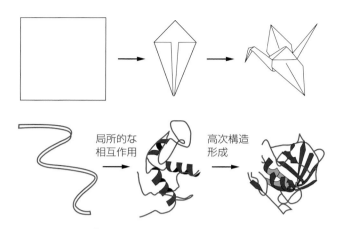

図 7・2 ● タンパク質の折りたたみと立体構造形成

(2) 体の水

　成人に含まれる水の量は体重の約 60 ％、老人は 50 〜 55 ％、子供は約 70 ％、赤ちゃんは約 75 ％といわれます。加齢とともに体の水分率は低下する傾向にあることがわかると思います（**図 7・3**）。水は細胞や細胞間に細かく取り込まれ、簡単には失われないように存在しています。体重 60 kg の成人であれば、およそ 36 kg の水を含んでいることになります。これを細胞数（仮に 37 兆個とする）で割り算すると、0.02 mm 程度の大きさの細胞 1 個あたりに約 0.000001 mg 程度水を含むことになります。このように生体の水は微小空間に包み込まれる形態で

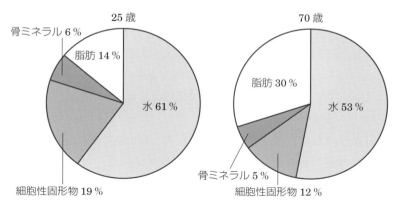

図 7・3 ● 体の中の水分量
（出典：川西秀穂、高齢者の水分補給『FOOD Style 21』、2003 年）

保持されています。

　図 7・4 に示すように、1 日に体に取り込む水は約 2.5 L、出て行く水も約 2.5 L です。内訳は、飲む水 1.2 L、食べ物の中の水 1 L、汗 0.6 L、呼気 0.3 L、尿 1.5 L、便 0.1 L、体の中で呼吸などによってできる水 0.3 L です。呼気中には、35 mg/L 程度の水分を含みます。大きさが小さいのでこれを**エアロゲル**と呼ぶこともあり、容易に落下せずに空気中を漂うサイズです。誰もが喉が乾くと水を飲みますが、飲む水の量を 250 mL とすると、体重 60 kg の成人の場合、体の水分の 0.7 ％程度を補給することになります。私たちは体の水分のほんの数％失っただけでも水の補給を必要とし、5 ％以上失うと危険な状態となります。それだけ生体にとっては水が重要であり、水が不足することのないようなしくみを持っていることになります。一方で、一度に過剰に飲むのはかえって良くないとされており、こまめに飲むのが良いとされています。

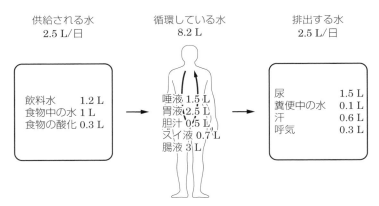

図 7・4 ◯ 1 日に人の体を出入り、循環する水の量
（出典：小沢正昭、水の機能と機能化『FOOD Style 21』、2003 年）

　水は血液や体液などの形で体中を循環します。血液量は 60 kg の成人でおよそ 5 L 弱程度あり、血液の約 55 ％が血漿と呼ばれる液体成分で、その 9 割は水です。血液は呼吸に関わるガス、防御・情報伝達・指令に関わる物質や栄養、代謝物などを運搬する役割や体温調節などの役割を担っています。心臓は 1 日に約 7,000 L の血液を送り出し、腎臓はおよそ 150 L の血液を濾過します。この他、汗、涙、唾液などがありますが、それぞれ以下のような働きがあります。

① 涙：涙は**図7・5**に示すように涙腺から分泌され、約98％が水分で、ナトリウム、カリウム、カルシウムなどの電解質やタンパク質、免疫タンパク、リゾチーム（殺菌作用をもつ物質）などの有機成分が2％を占めています。涙は目の表面の角膜や結膜に栄養補給したり、瞼（まぶた）を動かす潤滑材、保湿、細菌や紫外線から目を守る防御液膜、雑菌の消毒などの役割を担っています。

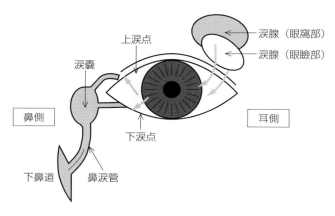

上涙点

涙嚢

涙腺（眼窩部）

涙腺（眼瞼部）

鼻側

耳側

下涙点

下鼻道　鼻涙管

図7・5 ●涙の分泌

② 唾液：唾液は99.5％が水分であり、無機成分としてナトリウム、カリウム、カルシウム、リン、塩素を含みます。この他に、粘液、酵素、抗体、タンパク質、殺菌、抗菌・消化作用のある酵素類が含まれます。**図7・6**に示すような三大分泌腺（舌下腺、顎下腺、耳下腺）から1日に1〜1.5 L程度分泌され、就寝時でも半分ほど分泌されています。唾液は、口のなかの粘膜組織の保護、歯石形成阻害、消化（消化酵素による澱粉（でんぷん）の加水分解など）、湿潤化・洗浄、舌運動の円滑化、嚥下（えんげ）を楽にする、味覚補助、抗菌作用、pH緩衝作用、排泄（はいせつ）などさまざまな役割を担っています。

③ 汗：**図7・7**に示すように、汗は皮膚の汗腺から分泌する液体です。99％が水であり、塩化物を主とする溶解固形物を含みます。汗は体温調節の役割が大きく、発汗に伴い蒸発潜熱を奪うため体の冷却効果があります。汗腺には、全身に分布しているエクリン腺と、腋（わき）の下などの体の限られた部分にあるアポクリン腺の2種類があります。

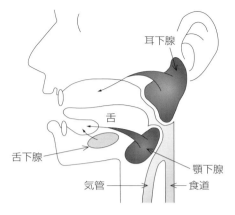

図7・6 ● 唾液の分泌

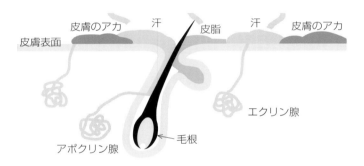

図7・7 ● 汗の出るしくみ（汗腺）

④　尿：尿は腎臓で濾しとられ、膀胱に蓄えられた後に排泄されます。血液中の水分、不要物、老廃物からなります。約98％が水であり、これに、2％程度の尿素と微量の電解質類、クレアチニン、尿酸、アンモニアを含みます。腎臓には1日1,800Lほどの血液が流れ、150Lほどの血液が濾過されます。このほとんどが再吸収され、残りの約1.5Lが尿として排泄されます。腎臓は、浸透圧の調節、体内の水分量の調節、窒素化合物を尿として体外に排泄するなどの役割を担っています。

（3）水の状態

　ほとんどの食べ物は水をたくさん含んでいます。**図7・8**にいろいろな食品の水分率を示します。そもそも食べ物はほとんどが植物や動物由来なので、干物のような乾物でない限り水分量は多いです。生体中の水は多様な状態で存在しています。野菜や肉は生物由来なので、それらの中の水の状態も同じように多様なものです。生体中や食べ物の中の水の状態を精密に規定することはそれほど容易ではありませんが、比較的簡単な方法によりおおざっぱに評価することは可能です。

　水の存在状態を分析する手法はたくさんありますが、基本は水分子の自由な動き（運動）がどれくらい束縛されているかを指標とする分析です。例えば、何かに強く吸着（水和）している水分子は、普通の水のように0℃で凍結したり融解することができなくなります。非常に強く吸着している水は凍る（氷の結晶構造を造る）ことすらできなくなります。水の凍結は、水分子が氷の結晶を形成す

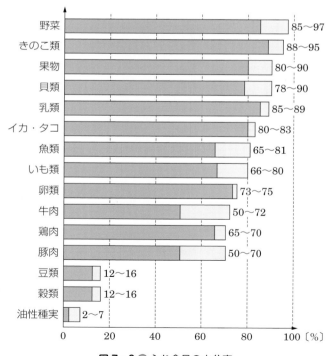

図7・8 ◉ 主な食品の水分率

るために再配列することを伴います。凍りにくいということは、吸着によって水分子が動きにくい状態にあるということを意味します。このように水分子の動きやすさの違いや水の相変化を利用することによって、生体中や生体物質、食品などにおける水の状態を簡易に評価できます。この原理を応用すると、体内における水の状態分布を観測することによって、体の組織の構造や異変を非侵襲で調べることも可能です。水の凍結温度を指標とする簡易分析では、0℃で凍る水は**自由水**、0℃より低い温度で凍る水は**束縛水**、冷やしても凍らない水を**不凍水**（より強く束縛された水）と定義して分類します。

　例えば、スポンジに含んだ水はスポンジを強く握るとポタポタと流れ出してしまいますが、こんにゃくやゼリーのような物質はどうでしょうか。握ったりしても決して水がぽたぽたと流れ出ることはありません。人間の体（細胞）も同様です。このような物質の形態をゲルと呼びます。水をたくさん含んでいてもゲル中の水は固定されていてポタポタと流れ出ることはありません。生物構造の基本単位である細胞は、$10 \sim 20$ μm 程度の大きさの細胞膜の中に水を蓄え、それがたくさん集まって組織を形成するゲルと見なせます。こんにゃくやゼリーのゲルは細胞とは異なりますが、高分子で小さく仕切られた微小空間構造に水が存在するという点で、水の存在状態には類似性があります。スポンジの中の水はほぼすべてが自由水であり、貫通している大きな開孔に吸収されている水であるのに対し、一方、ゲル中の水はゲルを構成する高分子に水和した束縛水が存在し、高分子がつくる数 nm ～数十 nm レベルの網目空間に存在しています。

　ゲル中の水は物理的な力によって放出することがないため、紙おむつなどさまざまなところに応用されています。一般に、**高吸水性樹脂**と呼ばれるものです。水を吸着する高分子鎖が非常に細かい三次元的な網目構造を形成し、この中に水を急速かつ多量に蓄えることができます。**図7・9**に高吸水性樹脂の内部構造を示します。架橋された三次元網目構造の高分子鎖にイオン基が固定された構造によって自重の数十～数百倍の水を吸収し（正確には高分子鎖が水中に拡散して広がり）、固定することができます。

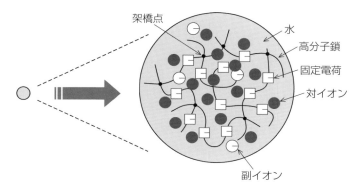

図7・9 ●高吸水性樹脂のしくみ

7·2 癒 す 水

（1）水による癒し

　水の**リラックス効果**には、「飲む水」「聞く水」「見る水」「入浴・温泉の効果」などがあるといわれます。

　冷水を飲むと**交感神経**を刺激します。緊張しているときや興奮しているとき、就寝前に飲む一杯はリラックス効果があるといわれます。飲料水に含まれるカルシウムやマグネシムには鎮静作用があるともいわれます。

　また、水の音はときに私たちに癒しをもたらし、さまざまな雰囲気を演出します。芭蕉の「古池や〜♪」の一句は、蛙が飛び込む水音によって静寂感や余韻を感じさせます。同様に自然や暮らしの中で聞く水の音はさまざまな印象を感じさせ心理的効果を生みます。**表7・1**に一例を示します。一口に水滴が落ちる音といっても、1滴だけなら静寂感や孤独感、エコーを効かせれば洞窟の中の雰囲気、ポタポタ続けて落ちる音はミステリアスな印象を与えるなど、水のようすによって印象は多様に変わります。音の感じ方には主観的な部分もあるので、必ずしも万人に通ずるものではありませんが、人それぞれに経験的なイメージが重なり音の印象に影響を与えるようです。

　海、川辺、滝、噴水などの水を眺めることで気分転換をしたり、やすらぎと落ち着きを得ることができます。庭園に水場を設けることがありますが、これも安らぎと落ち着きをもたらす効果を期待するものと受け取れます。

表7・1 ● 水の音と効果

せせらぎの音	安らかさ、平穏、涼しさ、清潔感、自然に溶け込むイメージ、爽快感など
海の波音	不変さ、大きさ、平凡さ、壮大感、単調さ 夏、恋愛、力強さ（岩にくだける音）、恐怖感（断崖の波音）
静かな雨音	憂鬱感、うっとうしさ
グラスハープ	静寂感、清涼感、神聖感、余韻
しずく	孤独感、寂しさ、サスペンスな感じ
滝の音	力強さ、威圧感、大きな音の中の静寂感

(2) 入浴・温泉の科学

入浴には体に良い効果があります。**浮力作用**（体にかかる重力が減る。筋肉痛や関節痛をやわらげ改善する）、**静水圧作用**（マッサージ効果でむくみを解消する）、**温熱作用**（体を温め、温めることによって血流を促進する）などで、いずれも疲労回復につながるものです。入浴は、40℃のお湯に全身浴で10〜15分ほどつかるのが良いといいます。長い入浴はのぼせるので注意が必要です。温冷交代浴という入浴のしかたもあります。血管の拡張・収縮をくりかえすことで血流を促進するという効果が期待できます。「銭湯に行く人は幸福度が高い」という調査もあります（幸福度調査2018）。入浴には、汚れを落として清潔になるという効果はもとより、血行を良くし、老廃物を追い出し、新陳代謝を高め、健康を保つという効果があるといわれます。温泉には、入浴効果の他に温泉成分による効能（**化学的効果**）や殺菌効果があります。温泉水に溶け込んでいる成分により効能は異なります。例えば、炭酸泉は血圧を下げる効果があるといわれます。炭酸泉では体の表面に多くの気泡が付着し、その気泡が皮脂汚れを効果的に落とします。アルカリ性泉は古い角質を溶かし（**乳化作用**）、肌をなめらかにする美肌効果があるといわれています。

温泉には入浴による温まり効果もあります。多量に溶存する温泉成分により温泉水の熱伝導率が普通の水よりも高いためです。さらに、皮膚表面のタンパク質や脂質と温泉成分が結びついて皮膚表面に被膜をつくり、保湿効果が持続します。熱湯（〜42℃）は交感神経を刺激して気分を引き締め、ぬるめの湯は副交感神経を働かせリラックスさせる効果があるといいます。こうした効果は、安らぎと

同時に美と健康をもたらし温泉を魅力的なものにしています。医療的な効果が期待できる温泉は**療養泉**と呼ばれます。温泉水の温度および溶存する主要物質によって療養泉は分類され、それぞれ鉱質固有の適応症があります。禁忌症（温泉に入ってはいけない病気や症状）もあるので利用の際は確認が必要です。

　温泉文化は日本に古くからありますが、必ずしも日本固有ではなく、世界中で温泉を利用する文化があります。海外の温泉の利用形態や目的は日本とは異なることもあり興味深いものです。海外には、バーデンバーデン（ドイツ）、セーチェーニ（ハンガリー）、ブルーラグーン（アイスランド）、パムッカレ（トルコ）、ソチ（ロシア）など有名な温泉が多く、それぞれ魅力的な特徴があります。

7・3　美味しい水、体にいい水

（1）水の特徴を表す指標

　飲料水の水質は硬度、pH、酸化還元電位、イオン濃度、臭気、色度、濁度、温度、有機分、細菌などの指標によって評価されます。これらの指標を用いて水質基準が定められています。

　　　カルシウム濃度×2.5＋マグネシウム濃度×4.1＝硬度〔mg/L〕

　硬度（米国硬度）は上式によって定量化します。この式は溶存するカルシウム塩とマグネシウム塩の濃度を炭酸カルシウムに換算した値で表しています。ドイツ式硬度の場合は酸化カルシウムの量に換算した値で表します。この数値が大きければ硬い水になります。

　硬度の定義は国によって多少違いますが、WHOは、軟水0〜60 mg/L未満、中程度の軟水60〜120 mg/L未満、硬水120〜180 mg/L未満、超硬水180 mg/L以上と定義しています。日本の水の多くは軟水です。

　pHは$-\log[H^+]$と定義され、水の**酸性度**、アルカリ性度を表す指標です。ここで、$[H^+]$は水素イオンの濃度〔mol/L〕を意味します。pHの小さな水は酸性、大きな水はアルカリ性であることを意味し、純水の場合はpH＝7です。

　水の酸化力や還元力を表すのに**酸化還元電位**（**ORP**）を用います。酸化還元電位は、物質が電子を出しやすいか受け取りやすいかを示す指標であり、電位〔mV〕で表します。酸化還元電位がプラスの値の場合は酸化力があり、マイナ

スの値の場合は還元力があるということになります。水の場合、酸化還元電位は溶けている物質に依存します。**図7・10**に、いろいろな水の酸化還元電位とpHを示します。水道水は酸化還元電位が500 mV前後と高い酸化性の水です。例えば、鉄でできた釘を酸化還元電位がプラスの水に入れておくと、釘は酸化して錆びます。一方、酸化還元電位がマイナスの水に入れておくと錆びないことになります。天然水や地下水では酸化還元電位が低い傾向にあります。

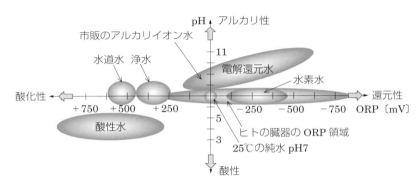

図7・10 ◯ 水の酸化還元電位とpH

　次に、イオン濃度はどのようなイオンがどれくらい溶けているかという指標です。個々の溶存イオンを定量的に調べることも一般になされますが、簡易的に水溶液の電気伝導率という指標で評価することもあります。イオンがたくさん溶けている水ほど電気を通すのでこの指標が利用されます。

　飲料水の場合は、基本的に着色や臭いがなく無色透明でなければなりません。したがって、**色度・濁度**や**臭気**も飲用水の評価に用いられる指標です。水の着色は金属や有機物が溶存するために起こります。極微量の金属イオンはミネラル分として受け入れられることもあります。

(2) 美味しい水の条件

　美味しい水の条件は何でしょうか。純水は無味無臭で味はありません。冷たい水ならば潤いを実感させ美味しいと感じるでしょう。水の味を決めるものは化学的には水に溶けている物質の種類と濃度になります。美味しいといわれる水の条

件を**表7・2**に示します。多少の溶存物の存在は水を美味しくするということがおわかりになるでしょう。もっとも、少しでもあるとまずくなる臭気成分は別です。

表7・2 ● 美味しい水の水質条件

蒸発残留物	30～200 mg/L	沸騰させても蒸発しないミネラルや鉄、マンガンなどの量が多いと苦味や渋味が増し、適量だとコクのあるまろやかな味となる
カルシウム・マグネシウム（硬度）	10～100 mg/L	ミネラルの中で量的に多いカルシウム、マグネシウムの含有量を示したのが硬度。硬度の低い水（軟水）はくせがなく、高い（硬水）と好き嫌いが出る。カルシウムに比べてマグネシウムの多い水は苦味を増す
遊離炭酸	3～30 mg/L	水にさわやかな味を与えるが、多いと刺激が強くなる
過マンガン酸カリウム消費量	3 mg/L 以下	有機物量を示し、多いと渋味をつけ、多量に含むと塩素の消費量に影響して水の味を損なう
臭気度	3 以下	水源の状況により、さまざまなにおいがつくと不快な味がする。異臭味を感じない水準
残留塩素	0.4 mg/L 以下	水にカルキ臭を与え、硬度が高いと水の味をまずくする。塩素臭が気にならない濃度
水　温	最高 20℃ 以下	夏に水温が高くなると、あまりおいしいとは感じられない。冷やすことでよりおいしく飲める

（出典：厚生省、「おいしい水研究会」、1985）

　水はあらゆるものを溶かすという性質から、自然の水は大地を流れてきた履歴に依存した溶存物を含みます。それはときにはミネラル分として飲料水の魅力を増しますが、捉えようによっては不純物です。水が大地のどこを通ってくるかで水質や味が決まります。美味しい水は混ざり物があることによって生まれます。石灰岩の大地をゆっくりと流れるヨーロッパの水はカルシウムやマグネシウムが多く溶け込んだ**硬水**になります。一方、火成岩質の大地を短い時間で流れてくる日本の水は溶存物が少なく**軟水**になります（**図7・11**）。

　水の温度は非常に大きく影響する要因で、私たちは冷たい水には美味しさを感じるようです。一般に**天然水**と呼ばれ飲料用に市販されている水は水道水よりもいろいろな物質が溶けています。

　世の中には体に良いとか肌に良い水とされているものが昔からあります。へちまの蔓を切り、そこから浸出する液をためた水をへちま水と呼びます。サポニン、

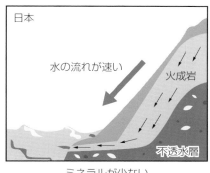
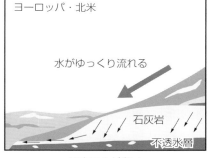

図7・11 ● 日本とヨーロッパ・北米の水質が異なる理由

ペクチン、タンパク質、糖分、硝酸カリウムなどを微量に含み、昔から化粧水や飲み薬や塗り薬として用いられています。一般に化粧水と呼ばれるものは 80 %程度の水、10 %程度のアルコール、グリセリン、ヒアルロン酸、コラーゲン、セラミド、アミノ酸、ビタミンなどの保湿成分からなり、さらに、整肌剤が数%、そのほかに乳化剤、香料、防腐剤などが配合されています。配合する成分と比率によって化粧水の特徴が変わります。

　世界には奇跡の水と呼ばれる水があります。メキシコのトラコテの水、フランスのルルドの水、ドイツのノルデナウの水などが有名です。病気を治す効果があるというこれらの水は、活性水素と呼ばれる成分が通常の水よりも多いという報告があります。活性水素は、体内で産生する活性酸素を消費するので体に良いとされていますが、科学的、医学的な効果については立証が十分ではないようです。似たような水に水素水があります。微量の水素ガスを溶存して還元性を付与した水を**水素水**、水の電気分解により生成するアルカリ水の場合は**還元水**と呼んでいます。いずれも、体の中の活性酸素を消費する（酸化還元反応による）ことにより体のダメージを抑える働きをすると考えられており、健康や美容の観点でアンチエイジング効果などが期待されている水です。水素を溶存する水で酸化還元電位がマイナスの無味、無色、無臭の水ですが、この還元力ある水が体に良いというイメージで一時ブームになりました。水素が還元性を示すことは科学的には間違いないのですが、水素水を飲用した場合の期待される効果については**薬機法**

（医薬品、医療機器等の品質、有効性及び安全性の確保等に関する法律）で効果が認められるまでには時間がかかりそうです。一方、水の電気分解によって陽・陰極側で生成する酸性水やアルカリ水はすでにいろいろな分野でたくさん利用されています。酸性水は殺菌作用、アルカリ水は洗浄作用があることから、この特性を利用したさまざまな用途が開拓されています。例えば、電気分解で得られた水は天然の水と異なり細菌を含まないため、植物栽培などでは長く新鮮さを保てるなどの利点があります。

　飲料水の中には海洋深層水（脱塩したもの）や温泉水などのほか、地域性や水源の清浄性、成分の特徴などをうたったものがあります。健康と美容に良いとされるミネラル分を含んだ水をブランド水として販売するものも増えています。自然の湧き水を天然水や自然水と呼ぶものや、容器入りの地下水を原水とする水をミネラルウォーター、あるいは地下水ではない場合はボトルウォーター、環境水と呼ぶものなどさまざまな名称の水があります。水の起源、溶存成分、利用形態、利用目的によって適宜ネーミングしているものもありますが、それだけ多様な水があるということのあらわれであり、また、水の価値が上がっているということになります。実際、水の価値が高いことはその値段からもわかります。水道水の値段は約 0.2 円 /L ですが、ボトルウォーターと呼ばれるペットボトルで販売している水は 50 〜 100 円 /L 前後です。ガソリン 1 L の値段と比較するとどうでしょう。東京都は水道水をより良いものにする努力を重ね、高度浄水処理（8・1節参照）を導入しています。水道水質を大きく向上させ、「東京水」のブランドでボトル水の販売も始めています。

章末問題

● 1. 私たちが食べる肉や糖質は消化管の中でさまざまな酵素の働きで加水分解反応により消化される。どのような反応なのか調べよ。
● 2. 冷たい水を美味しいと感じる理由はなぜか調べよ。
● 3. 水に溶けている物質と水の酸化還元電位の関係を調べよ。
● 4. 市販されている水の生産地および硬度を調べよ。また、水道水を詰めて販売している水についても調べてみよ。
● 5. 温泉の泉質と適応症の種類について調べよ。
● 6. 電解還元水を利用する分野と利用する理由を調べよ。

8章
水と暮らし

本章では暮らしの中で水がどのように関わり、利用されているかを見つめます。まず、暮らしのライフラインに関わる浄水と下水処理方法についてその基本を解説します。次いで、現代文明の水利用を概観し、水の働きと役割について紹介します。水の有効利用の要は水管理です。水のリサイクルや生態に適した水管理という考え方は、多様な水利用の場面においてとても重要なことです。水管理の例を紹介しながらその方法について解説します。

8・1 浄水・下水処理

(1) 浄水と下水処理のしくみ

私たちの生活を支える重要な水インフラは、上・下水道です。日本の浄水場でつくられる水はとてもきれいで、高水準の水質基準を満たしています。水道水は水道法により 2020 年現在、51 項目の水質基準項目の基準値に適合することが定められています。この 51 項目は細菌、重金属、窒素化合物、ハロゲン化合物、ハロゲン化炭化水素、トリハロメタン、界面活性剤、有機物、pH、味、臭気、色度、濁度などです。この他、水道水中で検出の可能性があるなどの理由から、水質管理上留意すべき項目が 27 項目あります。この中には、トルエン、農薬類、クロロエタン類、フッ素化合物（PFOS、PFOA）などのヒト健康リスクの疑われる化学物質が含まれます。さらに、毒性評価が定まらないことや浄水中の存在量が不明などの理由から、水質基準項目、水質管理目標設定項目に分類できない要検討項目が 45 項目あります。この中には、アクリルアミド、塩化ビニル、ダイオキシン類、ビスフェノール A、スチレンなどがあります。これらの詳しい内容は厚生労働省 Web サイトの水道水質情報ページに記載されています。**図 8・1**に浄水場のしくみを示します。河川などから汲み上げた水は、最初に沈殿槽で大きなゴミを取り除きます。次いで、凝集剤と呼ばれるアルミニウム系の薬剤を投

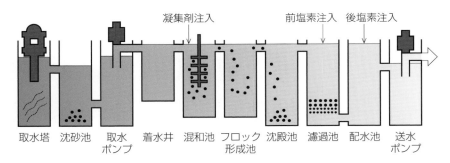

図8・1 ● 浄水場のしくみ

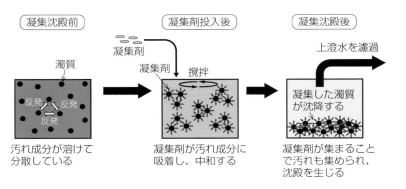

図8・2 ● 凝集剤の働き

入して細かい不純物を吸着・凝集させ、フロックを形成させます。フロックは大きな塊を形成するので沈殿させることにより容易に除去できます（**図8・2**）。上澄みを濾過池に移し、次亜塩素酸などの塩素系の消毒剤で消毒するとともに、沈殿しなかった細かいフロックを砂濾過で除去することによって水道水のできあがりです。このように凝集剤を用いた沈殿と濾過を組み合わせて水を浄化する方法を**急速濾過法**といい、日本では一般的に普及している浄水方法です。大都市の水道局では、原水の汚染が強いため、さらに生物活性炭やオゾンを用いた**高度浄水処理**（**図8・3**）を行っています。高度浄水処理は、通常の浄水法で取りきれない臭い成分やトリハロメタンなどを除去します。東京都水道局では、2013年に利根川水系の全浄水場での高度浄水を達成しています。

　汚水は下水道で**水再生センター**（旧下水処理場）に集められ、**図8・4**に示すような処理を行って環境に放流します。初めに、物理的に固形物などを取り除く

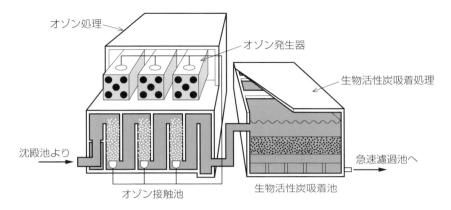

図 8・3 高度浄水処理

(出典：東京都水道局、https://www.waterworks.metro.tokyo.jp/suigen/kodojosui.html)

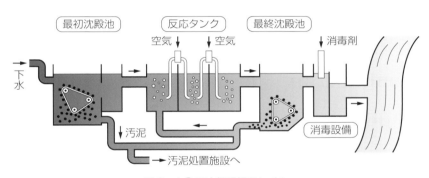

図 8・4 下水処理場のしくみ

一次処理を行い、次いで、微生物を含む**活性汚泥**（下水処理用に意図してつくられた好気性微生物を含む汚泥）を利用して有機物を取り除く二次処理を行います。このとき曝気しますが、それは、好気性細菌の活性を高めるためです。その後、消毒、滅菌して自然水系に放流します。現行の活性汚泥処理では**窒素やリン**の除去が十分ではないことがあります。下水処理水を放流する地域の水質保全や処理水の再利用を行う場合など、より高度な処理水質が求められる場合には三次処理（高度処理）も試みられています。例えば、下水処理水の放流を湖沼などの閉鎖性水域に行う場合には、窒素やリンの除去が不十分であると富栄養化の原因となります。そこで、微生物による硝化・脱窒の促進、凝集剤や膜分離との組合せなどの高度処理方式によって窒素やリンを除去します。

　活性汚泥法は微生物によって有機物を分解・除去する標準的な下水処理法ですが、微量の農薬など、微生物による処理が困難な物質もあります。

　生活排水の下水処理に必要な水の目安を**表8・1**に示します。汚水を川に流してしまった場合、魚がすめる水質（次項のBODで5 mg/L）にするために使う水の量を示しています。汚すのは簡単ですが、きれいにして自然に戻すには大量の水が必要であることがわかります。家庭排水を減らす工夫は水環境への負荷を減らす意味でも大切です。排水を減らす暮らしの選択を考えてみましょう。

表8・1 ● 排水をきれいにするために必要な水の量
（参考：こども環境白書2009、環境省）

下水処理する対象	きれいにするのに必要な水量
醤油大さじ一杯 15 mL	お風呂（300 L）1.5 杯分
みそ汁お椀一杯 180 mL	お風呂 4.7 杯分
牛乳コップ一杯 200 mL	お風呂 11 杯分
天ぷら油 500 mL	お風呂 500 杯分

（2）水質汚染の判定指標

　水質を判定する指標には、水温、塩分、透明度、濁度、色度、水素イオン濃度（pH）、臭気のほか、浮遊物質（SS）、溶存酸素（DO）、**BOD（生物化学的酸素要求量**：Biochemical Oxygen Demand）、**COD（化学的酸素要求量**：Chemical Oxygen Demand）などがあります。このうち、BOD、CODはいずれも有機物汚染の指標です。BODは溶存する有機物を微生物が分解する際に消費する酸素量〔$mg\text{-}O_2/L$〕を意味し、CODは酸化剤を使って化学的に溶存有機物を分解する場合の酸素消費量を表します。有機物による汚染が多いほど、多くの酸素を消費することになるのでこれらの値が大きくなります。このほか、有機物を燃焼させて生成する二酸化炭素を定量するTOC（全有機炭素：Total Organic Carbon）という評価指標があります。

8・2 暮らしと水

　私たちの暮らしの中で、水の利用は多岐にわたります。大きくは**生活用水、農業用水、工業用水**に用途が分けられます。私たちの暮らしはどれだけ水に頼って

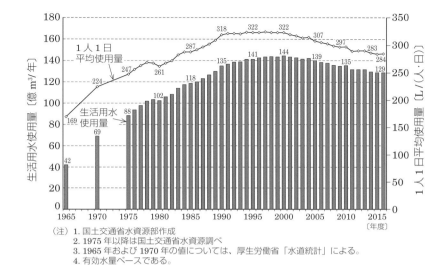

（注）1. 国土交通省水資源部作成
　　　2. 1975 年以降は国土交通省水資源調べ
　　　3. 1965 年および 1970 年の値については、厚生労働省「水道統計」による。
　　　4. 有効水量ベースである。

図 8・5 ◉生活用水の使用量の推移
（出典：国土交通省、令和元年版日本の水資源の現況）

表 8・2 ◉水の利用目的と具体例

家庭・生活	スプリンクラー（散水）、ミストサウナ、水洗、温水洗浄便座、温水床暖房、食洗機、ウォーターペン、入浴、洗車
医療	洗浄、消毒
環境	再生水利用、透水性舗装、ドライミスト（ヒートアイランド対策）、雨水利用、打ち水、親水施設（池、小川、噴水など）、消雪
社会	消防、噴水、ウォータースライダー、ウォーターグラフィック、プール
産業	ウォータージェット、いろいろな製品の生産過程における洗浄水、水耕栽培、制振装置等の利用、蒸気タービン、超臨界抽出

いるでしょうか。**図 8・5** に生活用水の使用量および 1 人 1 日平均使用量の推移を示します。2000 年頃から水の使用量は減少傾向にあり、1 人 1 日あたりの平均使用量は 300 L 弱になっています。**表 8・2** に水の用途を示します。4 人家庭では 1 日に 1,000 L ほどの水を使います。家庭では洗濯、お風呂、手洗い、炊事などに利用していますが、近年は水洗トイレ、ミストサウナ、美容機器、加湿器、洗車など豊かな暮らしを反映する水利用が拡大しています。**図 8・6** に一般家庭における平均的な水道水の利用内訳を示します。いずれの用途においても、とて

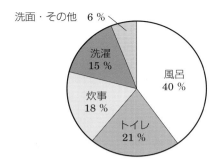

図8・6 家庭での水の使われ方
（出典：東京都水道局平成27年度一般家庭水使用目的別実態調査）

もきれいな水道水を使っているわけです。

　家庭で1日に使用する水の量は、その使い方しだいで大きく変化します。**表8・3**にこの例を示します。ちょっとした認識と工夫でかなりの節水になることがわかります。現在は、水資源の大切さを多くの人が理解していることから節水にも眼が向けられており、節水洗濯機、節水トイレ、食洗機（食器洗い機）、節水シャワーなどが普及しつつあります。国内には水の科学館という施設があり、自然における水や暮らしに関わる水について体験しながら学ぶことができます。

表8・3 暮らしにおける水の使い方と消費量の例

食器洗い	手洗いで洗う：66 L	食器洗い機で洗う：10 L
歯磨き	水を流しっぱなし：6 L	コップに汲んで使う：0.6 L
シャワー	シャワー出しっ放し：120 L	体や髪を洗うときは止める：84 L
洗濯	すべて水道水を使う：65 L	「洗い」に風呂の残り湯を使う：45 L
トイレ	従来のトイレ：52 L	節水型のトイレ：21 L

8・3　エネルギーと水

　水力発電は運転時の環境負荷が小さく、安定的に発電する純国産エネルギーです。水流を利用して発電機を回転させる発電方式であり、しくみも簡単で発電機の運転・停止もしやすいことから需要が変動する昼間の発電量調整に大きな役割を担っています。火力発電の環境負荷を軽減する意味で、規模の小さな水資源を有効利用する中小水力発電の普及も進められています。

　火力、原子力、地熱発電は、燃料の燃焼に伴う熱を利用して高温高圧の水蒸気を発生させ、この水蒸気を発電機に接続したタービンに吹き付けることによって回転させ発電する方式です。このように、高圧の水蒸気を利用してタービンを回し発電する方式を**汽力発電**と呼びます（**図8・7**）。

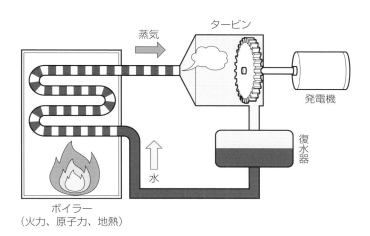

図8・7 汽力発電の基本構造

　高温高圧で圧縮されている水蒸気はその内部エネルギーを使って、膨張時に大きな仕事をさせる（タービンを回す）ことができます。水はこの役割に好都合で、かつ、化学的に安全な物質です。反面、水⇄水蒸気の相変化に要する潜熱分の熱エネルギーをくり返し消費します。

　自然エネルギー（太陽光、風力）を利用する発電は天候に依存し不安定であるため、**基幹電力**としては不向きです。電力の安定供給源として海洋発電、地熱発電が期待されています。**海洋発電**とは、潮、波、海水による発電のことで、潮の流れ、波の振動、海洋深層水のような低温海水を利用する温度差発電などのことをいいます。潮流発電は海流を利用します。海水の流れを利用して海中に設置する発電機の水車の回転を介して発電する方式です。海流を利用するので、年中安定した発電が期待できます。海洋温度差発電（**図8・8**）はパイロットプラントで実証されています。海水は深いところでは低温で安定していることから、冷熱源としての利用が考えられています。海洋温度差発電の候補地は日本近海に多く、コスト的にも有望視されています。

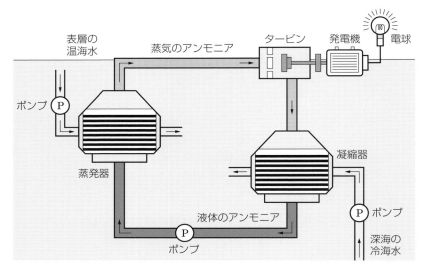

図8・8 ●海洋温度差発電の概念図

　水蒸気を利用して機械を動かす蒸気機関も高温高圧の水蒸気を利用します。発電機のように定常運転する場合はタービン（羽根車）に水蒸気を吹き付けて回転運動を得る駆動方法を選択しますが、回転方向を変更したり変動負荷運転（出力制御）する必要がある蒸気機関車のような蒸気機関の場合には、ピストンを介して回転運動を得る往復動式の蒸気機関を使います。現在は大規模な発電プラント以外は内燃機関がとって変わったため、蒸気機関の利用は衰退しました。

　エンジンの燃料として水を利用する自動車がつくられています。水素を燃料にして燃焼熱を生み出し、この熱の発生中に水を燃焼室内に噴霧し、気化する際の体積膨張を利用してエンジンを動かすというものです。これは水の相変化を利用する発想です。内燃機関の場合は急激な体積膨張を伴う物質と体積膨張させるのに必要な熱源の組合せが重要ですが、前者の目的は水が担うことが可能です。水、空気とアルミニウムで発電して走る自動車の開発も進められています。

　水は水素源として重要な物質であり、再生可能エネルギーによって得られる電力を利用して電解により水から水素を得ることは水素社会の基盤技術です。

8・4　産業と水

(1) 多量の水を使用する産業

世界の農業の多くは**灌漑農業**を行っていることから、農業の水使用量は圧倒的に多くなっています。一次産業では稲作の水利用（水田灌漑用）がほとんどで、次いで飼料作物の利用比率が高くなっています。二次産業ではパルプ・紙・木製品の水利用が多く、次いで、石油化学基礎製品、鉄鋼、食料品製造業の水利用比率が高くなっています。

工業用途として水を多量に使用する産業の一つに製紙業があります。製紙では、①木材チップから繊維を取り出すために高温高圧の蒸解釜で煮込む、②繊維を洗浄する、③異物を取り除いて洗浄・漂白するといった工程で大量の水を使用し、廃水を出します。繊維産業は、繊維の洗浄の他、染色工程で色の定着、乾燥、洗浄などに大量の水を使用・廃水します。さらに、ポリエステルの場合は、洗濯の際に水がプラスチックで汚染される懸念があるといわれています。食品産業は調理だけでなく、調理機器の洗浄にも大量の水を使用します。半導体産業も精密な洗浄に大量の水を使用します。半導体は高精細加工品であることから純度の非常に高い水が用いられます。

工場の規模が大きくなればそれだけ水を使う量が多くなります。水の消費量および汚染水排出量を評価する指標である**ウォーターフットプリント**で見ると、衣類、革製品は影響が大きいことがわかります。ウォーターフットプリントが大きいことは、水使用量が多く、水環境への負荷も大きいという目安になります。

(2) 海水淡水化

海水から真水を得る手法として海水を加熱して水蒸気を取り出し、凝縮させて淡水化する蒸発法を利用する時代が長らく続きましたが、現在は、膜分離を利用する省エネルギー型の手法が確立され普及しています。**逆浸透法**（RO：reverse osmosis）と呼ばれる膜分離技術は、その名のとおり逆浸透膜を使います。**図8・9**に示すように、水分子以外は透過できない半透膜を介して純水と塩水が接触すると、両側の化学ポテンシャル[*1]を等しくすべく、純水が塩水側に浸透します。これは、この系がエネルギー的な平衡に向かうことを意味します。純水が塩水側

に増えると、純水との水頭差を生じます。この水頭差に相当する圧力が膜に働いています。この圧力を浸透圧といいます。この浸透圧以上の圧力を塩水側にかければ、塩水の水が純水側に透過することになります。この現象を逆浸透といいます。逆浸透法は蒸発法に比べて省エネルギーで効率が高いことから、経済性の面でも普及を後押ししたといえるでしょう。世界中で淡水化が急増していることから、排塩水の環境影響の問題が顕在化しつつあります。

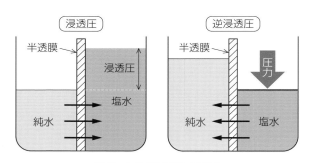

図8・9 ● 逆浸透法の原理

（3）水族館における水管理

　水族館はその美しさや華やかさの裏側で、大量に使用する水を管理する技術により支えられています。近年、都市の内陸部に水族館ができるようになりました。内陸型水族館は、生物が存在する**閉鎖空間**における水管理や水のリサイクルを考えるうえで有効な対象です。水族館は大量の海水を利用するため、普通、沿岸部に建設される施設です。京都水族館やすみだ水族館はこの常識を覆した**内陸型**の水族館です。これに大きく貢献しているのが**水管理技術**です。

　生物に適した水質の維持・管理方法を確立することによって、内陸型の水族館や難しい養殖が可能になります。水槽では、生物によって水の BOD や硝酸性窒素などが増加するため、これを 24 時間、効率良く除去する必要があり、水槽の汚物を濾過・除去し、適切な酸素濃度、温度などを維持が必要となります。面倒

＊1　ある化学種 1 mol あたりの自由エネルギーのことである。自由エネルギーは、物質や系のもつ内部エネルギーのうち仕事に変わりうるエネルギーである。一定の温度かつ一定の圧力下で 2 相が接しているとき、化学ポテンシャルの高い相から低い相へ物質（この場合は水分子）は移動する。

なのは BOD や硝酸性窒素などの管理でしたが、近年は有効な微生物を利用して取り除くことができるようになっています。こういった水質管理は、お湯を循環利用する温浴施設や家庭用の 24 時間風呂においても同様に必要です[*2]。生物にとって適切な水を人工的に調整し、その水質を管理・制御・維持できれば技術的に内陸型の水族館が実現できます。上述の水管理により水槽の水をほぼ全量リサイクルすることによって内陸型水族館が実現しています。

　現在、大型の水槽を有する水族館として、ジョージア水族館（アメリカ）、美ら海水族館（沖縄）、ドバイ水族館（アラブ首長国連邦）、珠海長隆海洋王国（中国）などがあります。美ら海水族館では、300 m 沖の水深 20 m の地点から 2,000 m³/h を取水して海水を入れ替え、かつ、循環濾過を併用して水質、透明度を維持しています。これに比べると内陸型の水族館の規模は小さくなりますが、すみだ水族館では総量で 700 トンの水を 97 ％管理してリサイクルしています。

　水管理技術は**国際宇宙ステーション（ISS）**や宇宙船のような閉鎖空間（外部から新たな物質を供給することが容易ではない環境）における水のリサイクルにも有用です。こうした閉鎖空間では水や炭素の物質循環システム（回収して再利用するシステム）を備えることが長期的な生命維持のためとても重要になります。ISS では空調やトイレからも水を回収し利用しています。

(4) 養殖、栽培

　水槽による養殖では、発生する**アンモニア性窒素**を除去する技術、BOD を下げる工夫、水の流れをつくる（生態対応の環境づくり）ことが重要になります。これらが良好にできないと水産物の品質低下はもとより、環境汚染にもつながります。これらの改善により、従来、困難といわれたマグロの完全養殖もできるようになってきました。マグロの完全養殖のカギは稚魚の育て方にあるといわれます。養殖では水管理が特に重要です。水質や流れの管理など、生態に必要な水環境を管理・制御します。マグロの養殖では、稚魚が水中に発生している気泡に捕まって動けなくなり気泡とともに浮上死や沈降死してしまうという問題がありました。気泡に捕まった稚魚を救うカギは水の表面張力の制御にあるとわかり、表

＊2　かつて家庭用の 24 時間風呂における水管理の必要性が認識されていなかった時代に、レジオネラ菌による汚染によって死者が発生した事例が多数知られている。

面張力を小さくするため水槽表面に油をまいて表面張力を制御しました。

　農作物の生産には水と土が必要です。灌漑農業では灌水は速やかに土壌に浸透し、あるいは蒸発してその多くは作物に取り込まれることなく失われます。つまり土を用いる農業生産における水の利用効率は高くないのです。世界の水利用の7割は農業用水であり、その多くは灌漑によって消費されます。このような背景から、近年、必要な水だけを供給する**節水農業**が増えています（**図8・10**）。地中から水を供給する方法や、水の蒸発を防ぐビニールシートを上部に備えた多孔膜に植物の根をはらせて少量の水で育成する生産方法や、根元にだけ水を**点滴**する灌漑法などがあります。インターネットの普及により、土壌に水分センサーを設置してきめ細かく灌水制御する農業もあり、節水に有効と考えられます。従来の生産に比べ、水の使用量は数分の一に減らせます。

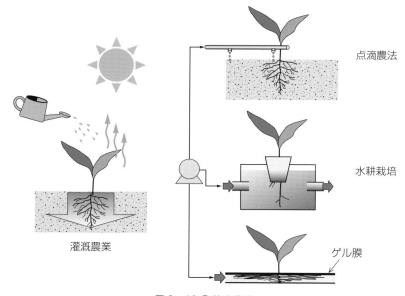

点滴農法

水耕栽培

ゲル膜

灌漑農業

図8・10◉節水農法

　土壌を利用せず、養分を調整した水で作物を生産する**水耕栽培**であれば、天候に左右されず、土に含まれる雑菌の影響もなくおいしい野菜を量産することが可能です。これはいわゆる植物工場です。水は根の部分にだけ供給すれば良いことから、土壌の代わりに薄い吸水性ゲル膜を用いる栽培法も開発されています。す

でに、中東の砂漠でみずみずしいトマトのハウス栽培が盛んに行われるようになりました。

(5) 消 防

通常、火災の消火に用いる水は水道管を流れる水のように水圧を有する**有圧水**と、防火水槽のような水圧のない**無圧水**に分けることができます。消火で放水するには水圧がなければなりません。消防自動車はポンプを積んでおり、このポンプによって水を汲み上げ、高所へ放水します。燃焼を止める消火には、燃焼の三要素である可燃物、酸素供給、点火源を取り除くことが必要です。消火には**除去効果**、**窒息効果**、**冷却効果**の三要素をうまく発揮することが有効です。水を用いる消火は窒息効果（酸素の遮断）と冷却効果を発揮します。このとき、水の熱容量（比熱）が冷却効果に役立ちます。水の特性である大きな比熱容量、蒸発潜熱は冷却に有効であり、また、液体であることによって酸素の遮断効果が期待できます。阪神淡路大震災（同時多発火災）では $1\,m^2$ あたり平均で $0.51\,m^3$（$= 0.51$ トン）の水を鎮火に要したという報告があります。$80\,m^3$ の住宅を想定すると約 40 トンの水が鎮火に必要ということになります。これは $200\,L$ のドラム缶 200 本分の水に相当します。これだけの水を短時間に放水することになるため、火災の際は消防自動車が複数台（例えば、水槽付きポンプ車 2 台、ポンプ車 3 台、指揮車 1 台）出動して消火活動にあたります。著者が居住する地区の消防署の話では、10 台くらいで消火に臨むというお話でした。

章末問題

1. 浄水や下水処理で用いられる凝集剤が水中の不純物を取り除くしくみについて調べよ。その際、水の役割について考察せよ。

2. 閉鎖空間における水の再生利用、炭素循環方法について調べよ。

3. 暮らしの中でさまざまなことに水が利用されている。なぜ水なのか、水はどのように便利なのか考察せよ。

4. 下水処理場で窒素化合物やリン化合物の除去が困難な理由はなぜか調べよ。

5. 水を扱う家電製品やトイレ、浴室の水利用について節水がどれくらいできるのか調べてみよ。また、日常の習慣で節水できることを考えてまとめよ。

6. 海水を利用する発電について複数検討されている。しくみについて調べよ。

9章
資源としての水

　資源としての水の問題は、利用できる水が有限で偏在しているということ、文明による利用と汚染が増加していることです。今後も人口増加、経済の成長などによって水の需要はいっそう高まると考えられます。地球温暖化は、安全に利用できる淡水量を減らすのではないかとの懸念も生じています。本章では、世界と日本における水資源の現状と課題、水資源をめぐる実態を評価する考え方、水資源の保全に関わる世界の動きについて解説します。

9・1　水資源の実態と評価

　3章で紹介したように、わたしたちが利用可能な淡水は、地球全体の水の量に比べるととても少ないです。この資源をすべての人間が均等に使える訳ではなく、地理・気候条件、経済などの要因により、国や地域によって水資源分配の不均衡があります。現在、世界のいたる地域で水不足や水環境汚染は深刻です。水資源とその利用の実態・変化を的確に把握し、持続可能な世界を目指すため今後の水利用を考えていかねばなりません。

　理論上、水資源として最大限利用可能な水の量を**水資源賦存量**といい、地域の降水量から蒸発散量を引いたものに地域の面積を乗じた値になります。水資源賦存量はその全量を実際には利用することはできないので、理論上の最大量であり、資源量を把握する際の基準になります。

　水資源の使用形態は、**図9・1**に示すように**都市用水**と**農業用水**に大別されます。都市用水はさらに**生活用水**と**工業用水**に区分され、生活用水はさらに家庭用水と都市活動用水に区分されます。**図9・2**に国別の年間降水量および1人あたりの年間降水量・資源量を示します。降水量の多い国でも人口が多ければ1人あたりの資源量は必ずしも多いとは限らないことがわかります。まさに日本がそうです。

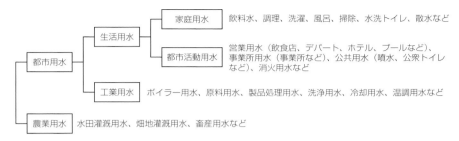

図9・1 ● 用水の種類

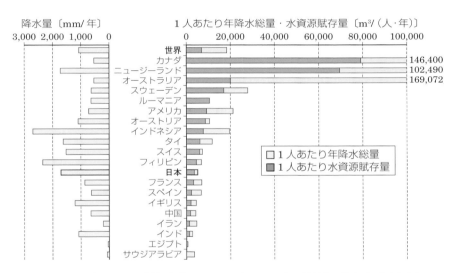

（注）1. FAO（国連食糧農業機関）「AQUASTAT」の 2019 年 6 月時点の公表データをもとに
国土交通省水資源部作成
2. 1 人あたり水資源賦存量は「AQUASTAT」の［Total renewable water resources
（actual）］をもとに算出
3.「世界」の値は「AQUASTAT」に［Total renewable water resources（actual）］が
掲載されている 200 カ国による。

図9・2 ● 国別年間降水量と 1 人あたりの年降水量・水資源
（出典：国土交通省、令和元年版日本の水資源の現況）

　図9・3 に 1 人あたりの水の使用量を示します。図中には、1 人あたりの総水
賦存量および名目 GDP を並記しています。水道などの**水インフラ**が整備され、
水を利用する生活が普及している国の使用量が多い傾向にあり、GDP にほぼ比
例してこの使用量は多くなります。実際の水資源量や使用量はどれくらいのもの

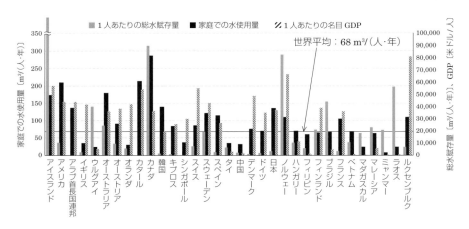

図9・3 ● 1人あたりの年間水使用量

なのかを的確に把握するには、上述したように地域の水資源の賦存量と使用量に加え、地域外の水資源に実質的に依存している割合や、食料・物質などのライフサイクルに関係する水の消費量や汚染水の排出量などを正しく把握することが大切です。水資源に関わる実態を把握する指標として、**水ストレス、バーチャルウォーター、ウォーターフットプリント、ウォーターソフトパス**などがあります。それぞれ以下に示すような**環境指標**です。

①　水ストレス

水需要が逼迫している状態を表す指標です。年利用量を河川などの潜在的年利用可能量で除した値、あるいは、1人あたりの年間使用可能水量です。国連開発計画（UNDP）が発表した「Human Development Report 2006」によると、1人あたり年間に必要な水資源量は1,700 m³（トン）です。利用可能な水の量が1,700 m³ 未満〜1,000 m³ では「小ストレス」、1,000 〜 500 m³ では「中ストレス」の状態となります。500 m³ 未満の場合は「絶対的な水不足」状態であり、水資源確保が最重要課題になる状況です。2025年までに48カ国、28億人が水ストレスもしくは水不足にさらされると予測されています。今後、人口増加や気候変動などで水ストレス状況にある人口はいっそう増加すると考えられています。

②　バーチャルウォーター（仮想水）

日本のカロリーベースの食料自給率は2019年時点で37 %であり、日本の食

料事情は輸入に頼っていることがわかります。日本は、食料に限らず、さまざまなものを海外に依存しています。それらは海外で生産されるときにその地の水資源を使用しています。このため、単に食料や製品を輸入しているだけに留まらず、それらの生産に要する海外の水資源に依存していることになります。もしも輸入する食品や製品を自国で生産したらどのくらいの水を要するのか推定したものがバーチャルウォーターです。これにより水資源の海外依存度を把握できます。

　食料生産に必要な水の量を**表9・1**に示します。例えば、牛肉、コーヒー、オリーブオイルなどを生産するには非常に多くの水を要することがわかります。バーチャルウォーターの概念によって、私たちの食生活はどれくらいの水を消費するスタイルにあるかを定量的に理解できます。環境省は、日常食べている食品のバーチャルウォーター計算機をWebで提供しています[*1]。世界のバーチャルウォーター貿易は1996年から2005年の間で2,320 km^3/年と試算されており、76 ％は農産物取引によるものです。これは、水の再配分が人間活動によって行われていることになります。

③　ウォーターソフトパス

将来の生態系に必要な水をまず考え、そのイメージを達成させることが可能な

表9・1 ●バーチャルウォーターの基準値

食　品	VW 基準値〔m³/トン〕	食　品	VW 基準値〔m³/トン〕
牛肉	20,600	小麦粉	2,100
豚肉	5,900	じゃがいも	185
鶏肉	4,500	大豆	2,500
米	3,700	オレンジ	628
にんじん	183	バター	13,200
たまねぎ	158	チーズ	3,200
かぼちゃ	309	塩	8
コーヒー	21,000	砂糖	1,400
とうもろこし（スイートコーン）	434	オリーブオイル	21,106
		こしょう	4,921

＊環境省 Web サイトより数値抜粋

＊1　https://www.env.go.jp/water/virtual_water/kyouzai.html

水使用量を逆算してさまざまな水に関わる計画を立てるという考え方です。水資源の利用が増加傾向のままではやがて水不足に陥ってしまうため、ウォーターソフトパスの概念が生まれました。不足分をなんとか供給増加によって満たそうとする供給管理法や、利用をなんとか減らして対応しようとする需要管理法のような**フォアキャスティング**[*2] な方法に比べ、最初に、将来のあるべき生態系全体を考慮し、そこから水使用量を計画設計するという**バックキャスティング**[*3] な方法である点が特徴です。

④　ウォーターフットプリント

　もの、食品、サービスなどを生産、消費、廃棄する過程で使用される水の総量や水の消費地を把握する環境指標です。水利用の実態を定量的に把握し、水利用によって生じる水量変化や水質変化を捉え、環境への影響を評価することが目的です。**図9・4**に主要国の消費区分別のウォーターフットプリントを示します。ウォーターフットプリントは各国の産業構造を反映します。水が関係する潜在的な環境影響を評価するパラメータであり、単にどこでどれくらいの水が消費・排出されるかをまとめた一覧を示すだけのもの（**インベントリ**という）ではありません。ウォーターフットプリントには三つの種類があり、それぞれ**グリーン**（植物に関係している水）、**ブルー**（商品の製造で使用されたり、人間が使う水）、**グレー**（家庭雑排水などの汚染された水を特定の水質に戻すために必要な水）ウォーターフットプリントです。

　どこで、どの地域からの、どういう水源の、どれくらいの量の水に依存しているのかを把握し、その利用がどれくらい持続可能なのか、どれくらいリスクがあるのかということを把握することがウォーターフットプリントの特徴です。ライフサイクルにおける水の消費量や水質汚染量などはもとより、水利用の量的かつ質的変化を把握することによって、水環境保全に関わる政策や改善、水資源の有効利用を図ることにもつながるため、国際標準規格とする利用普及が進められています。

[*2]　フォアキャスト：現状からどんな改善ができるかを考えて未来への対応を図る考え方。
[*3]　バックキャスト：未来の希望する姿を想定し、それを実現するために段階的に何を達成している必要があるか逆算して今の対策を図る考え方。

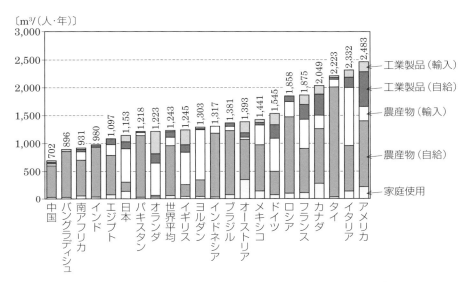

図9・4 ●主要国のウォーターフットプリント（年間1人あたり）
（出典：Hoekstra, A.Y. and Chapagain, A.K.（2007）Water footprints of nations: water use by people as a function of their consumption pattern, Water Resources Management. 21 (1): 35-48）

9・2　世界の水事情・水資源の分布

　世界の降水量分布を**図9・5**に示します。世界には降水に恵まれる地域と渇水の地域があります。降水量の分布から利用できる水の偏在が想像できると思います。水資源賦存量の分布を**図9・6**、地下水分布を**図9・7**に示します。分布している水資源がすべて使える訳ではなく、地下水はその賦存状態によっては全く利用できない場合もあります。図9・2に示すとおり水資源は国や地域によって大きな差があります。世界の水資源にはこうした偏在性があるので、水不足の地域には技術的、経済的協力が必要です。技術供与は、現地に根づき適切に運用されるためにも技術を適切に利用し継承する人材育成がセットであることが大切です。

　図9・8に世界の取水量の推移を示します。世界の年間使用水量は人口増加とともに増加しており、1950年頃には約1,400 km³であったものが2000年には約2.5倍に増加しています。ユネスコの試算では、2025年にはさらに2000年の使用量の1.3倍に増加すると考えられています。世界の年間水使用量のうち、

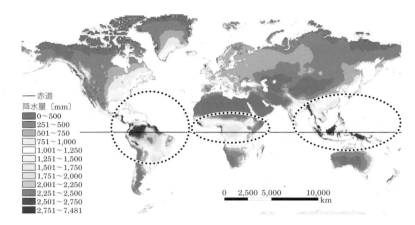

図9・5 ● 世界の年平均降水量分布（点線領域は降水量 1,000 mm 以上の多雨地域）

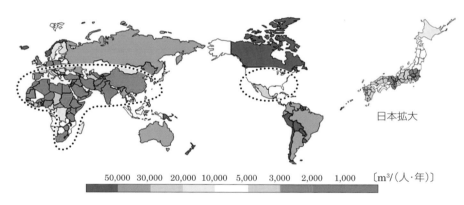

（注）1. FAO（国連食糧農業機関）「AQUASTAT」の 2019 年 6 月時点の公表データをもとに国土交通省水資源部作成
　　　2. 1 人あたり水資源賦存量は「AQUASTAT」の［Total renewable water resources（actual）］をもとに算出
　　　3.「世界」の値は「AQUASTAT」に［Total renewable water resources（actual）］が掲載されている 200 カ国
　　　　による

図9・6 ● 1 人あたりの 1 日の水資源賦存量（点線の領域は 10,000 m³/（人・年）以下の小雨地域）（出典：国土交通省、令和元年版日本の水資源の現況）

その多くはアジアで使用されています。**図9・9**に示すように、世界の水使用量は、農業用水＞工業用水＞生活用水の順ですが、1 人あたりの水使用量の伸びは生活用水＞工業用水＞農業用水の順です。水利用が増加しているのは、人口増加とともに豊かな生活を求め、食料生産、工業生産などが増加しているためです。

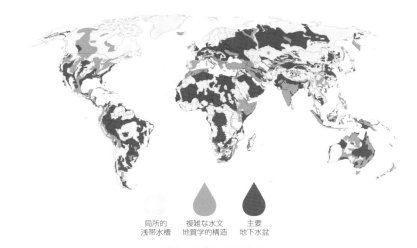

局所的　　複雑な水文　　主要
浅帯水槽　地質学的構造　地下水盆

図9・7 ● 地下水分布
（出典：BGR & UNESCO, groundwater resources of the world 1:25000000, Hannover Paris, 2008）

　世界的には、農業用水の利用が増加して水不足の問題を引き起こしています。人口の急激な増加による食料需要の増加は農業生産における灌漑用水を大量に必要とします。この結果、世界の各地で水不足が起きています。日本の面積の1.2倍あるアメリカのオガララ帯水層の地下水位は、灌漑農業による影響で2007年時点で平均4.3 m低下しました。ここは**化石地下水**であることから、すぐには涵養されず枯渇するリスクがあります。その後、休耕による節水を行っているものの、地下水位は低下傾向にあり、2050年頃に枯渇するのではないかと危惧されます。これは地下水を制限なく使った結果であり、その規模は深刻なレベルです。同様の地下水不足はインド、中国など世界各地で見られます。地下水を汲み上げ過ぎた水不足の土地では、塩害の問題が発生している地域もあります。自然の水循環速度をはるかに上まわる地下水利用は水位の低下（地下水の減少）を招き、結果として農地が失われていきます。

　地球の自然の恵みである水の循環速度を無視した（超えた）利用が、やがて水の枯渇を招くことは今も昔も変わりません。消費が多い場合には涵養が必要です。現代文明は生産・輸送技術の発達によってグローバルに物流を行っています。こうした人間活動が結果的に自然の循環構造に影響を及ぼすようになります。

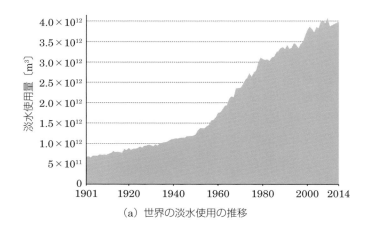

（a）世界の淡水使用の推移

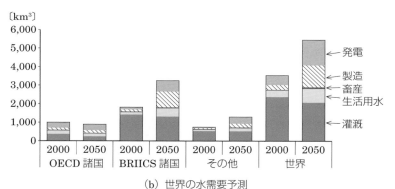

（b）世界の水需要予測

図9・8 ● 世界の取水量の推移と利用内訳

（出典：（a）Hannah Ritchie (2017) - "Water Use and Stress". Published online at OurWorldInData.org. Retrieved from: 'https://ourworldindata.org/water-use-stress' [Online Resource]
（b）OECD 環境アウトルック 2050）

　世界の多くの地域できれいな水を確保することがままならない状況です。「きれいな水資源を求めて」ではなく、「水資源を育み保全しつつ持続的に利用」できるように動く時代です。

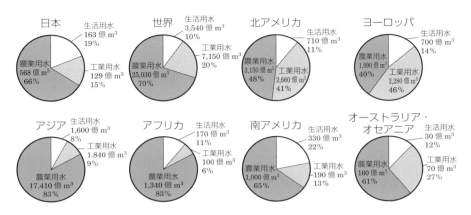

図9・9 ● 世界の用途別水使用量と割合
（出典：国土交通省、「平成16年版日本の水資源」）

9・3 日本の水事情

（1）水資源

国土交通省の2013年の資料によると、日本の年間の降水量は1981年から2010年までの30年間平均で6,400億m³です。年降水量には長期的変化の傾向は見られませんが、2010年代は多雨期が見られました。東京ドーム1個分の体積を124万m³とすると、単純計算で日本には年間52万杯分の雨の恵みがあることになります。6,400億m³のうち36％は蒸発散してしまうので、理論上、利用可能な水は残りの64％で、この量が日本の水資源賦存量です。

実際、利用できる割合（水資源使用率）は、水資源賦存量の20％程度といわれます。日本は、急峻な山が多く平野が狭いため、河川水の陸上滞在時間が短い国土です。モンスーン気候帯にあって降水量は季節変動があり不安定であるため、水利用率が低いという特徴があります。水資源賦存量の多くは利用されず、海へ流出したり地下水に移行しています。10年に1度の割合で発生する小雨時の水資源賦存量を地域別に合計した値を渇水年水資源賦存量といいます。この渇水年水資源賦存量は、水資源賦存量の67％程度になります。水資源賦存量は1人あたりに換算すると、約3,200 m³/（人・年）であり、世界平均の8,400 m³/（人・年）の半分程度です。このような指標で見ると、日本は必ずしも水資源が豊富な国とはいえません。

(2) 水使用状況

　日本の水使用量の推移を**図9・10**に示します。日本の水の使用量は1990年頃までは上昇し続けていましたが、2000年頃から近年は社会・経済状況を反映して緩やかに減少傾向となっています。

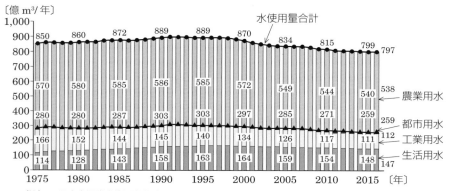

　（注）1. 国土交通省水資源部作成
　　　　2. 国土交通省水資源部作成の推計による取水量ベースの値であり、使用後再び河川などへ還元される水量も含む。
　　　　3. 工業用水は従業員4人以上の事業所を対象とし、淡水補給量である。ただし、公益事業において使用された水は含まない。
　　　　4. 農業用水については、1981〜1982年値は1980年の推計値を、1984〜1988年値は1983年の推計値を、1990〜1993年値は1989年の推計値を用いている。
　　　　5. 四捨五入の関係で合計が合わないことがある。

図9・10 ● 全国の水使用量の推移
（出典：国土交通省、「令和元年版日本の水資源の現況」）

　世界の水の使用量は農業、工業、生活用水の順に多いのに対し、日本は農業、生活、工業用水の順となっています。2011年度のデータでは、農業用水67％、工業用水14％、生活用水19％となっています。水源は9割が河川、湖沼であり、地下水利用率は11％です。水道普及率は1978年（昭和53年）に90％を超え、2018年末時点で98％まで普及しています。

　生活用水の使用量は1998年（平成10年）頃をピークに緩やかに減少傾向にあります。2011年の1人1日平均使用量は289 L/（人・日）（2011年、有効水量ベース、都市活動用水を含む）であり、これまでに比べて少なくなる傾向にありますが、世界的には水を大量に使用している国になります。工業用水の業種別では、化学工業、鉄鋼業およびパルプ・紙・紙加工品製造業の3業種で全体の

71 ％を占めています。化学工業および鉄鋼業では回収率が 80 〜 90 ％程度の高水準を維持しています。図 9・10 に見られるように、工業用水については企業努力による節水の成果があり減少傾向で推移しています。

　日本の地下水の利用状況は、産業利用が減少傾向にありますが、農業用水と生活用水は近年横ばいの状況です。涵養は地下水の蓄積に重要な役割を果たしています。熊本では水田を減らすことによって地下水が減少してしまったという例があるほどで、水田からの涵養は重要であることがわかります。地下水位を調べることによって地下水の変動を知ることができます。雪国の消雪では水温の高い水が適しているため地下水が利用されており、2012 年の消雪用水の地下水依存度は 82 ％となっています。

　水道水の利用は飲料用ばかりとは限りません。必要な水の水質は用途によって変わるので、いつでも水道水質の水が必要という訳ではありません。用途に応じて水を使い分けるのも水資源の節約に有効です。この意味で、**再生水**や雨水の利用促進が進められています。日本の雨水・再生水利用施設は年々増加しており、例えば雨水利用施設の累計は 2015 年時点で 3,370 施設に上ります。再生水は、水洗トイレ、散水に主に利用されているほか、消防、修景、冷房、冷却、清掃、洗浄、洗車などの用途があります。

(3) バーチャルウォーター

　日本の年間降水量は少なくはないですが、大都市圏は人口密度が高いため 1 人あたりの資源量にすると他国に比べて水資源が多い訳ではありません。それにもかかわらずその実感があまりないのは、日本が水輸入大国であることが理由の一つであると考えられます。

　2005 年における日本のバーチャルウォーター輸入量と輸入先を**図 9・11** に示します。国土交通省の資料によると、2005 年統計で日本が輸入したバーチャルウォーターは 800 億 m³ であり、日本国内で使用される水資源量（全国の水使用量（取水ベース））に匹敵する量になります。この輸入品すべてを日本の水資源を用いて生産しようと単純に考えると、水が不足することは容易に想像できます。海外での水不足や水質汚染などの水問題は人ごとではなく、輸出国の水資源過剰利用を促進することにもなりかねません。日本の場合、食料品の輸入先が遠

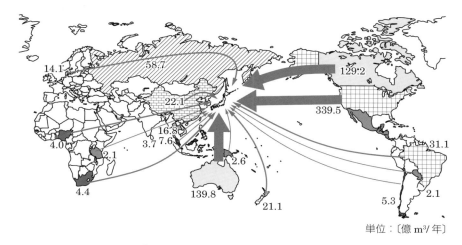

単位：〔億 m³/ 年〕

図 9・11 日本のバーチャルウォーター輸入量（2005 年）
（出典：環境省、「平成 22 年版環境白書第一部 4 章」）

い（**フードマイレージ**が大きい）という構造も問題であると考えられます。

　日本は海外から食料をたくさん輸入していますが、その食料生産は輸入先国の水資源を用いていることから、日本で消費する食料に必要な水資源を相当量海外に依存することによって自国の水不足を感じなくて済むわけです。このため、海外の水環境の悪化や汚染は日本の食料事情にも影響すると考えられ、人ごとではないということを理解しておかなければなりません。

9・4　水の世紀、未来

（1）水問題が引き起こす摩擦

　耕作には水が必要ですが、この水を河川の上流で大量に使ってしまうと下流域で利用しようとする人たちは水不足になります。これが水の争いの始まりです。世界では少なからず水の利用、開発、配分に関して紛争が認められます。中東の水資源開発と配分の問題における紛争、インド・パキスタンにおけるインダス川の水の所有権に係る紛争、ナイル川のダム建設と水配分に係るエジプト・スーダン・エチオピアの紛争などが知られています。河川が国境をまたぐ場合や地下水

のような水源が国境をまたぐような場合において、上流の過剰取水による水資源配分、上流における汚染、水資源開発などが摩擦の原因になっています。今私たちが抱える**水問題**は、人口増加とこれに伴うエネルギー資源利用の増加、食料増産、産業発展ならびに気候変動と密接に関連しています。豊かさを求める経済優先の文明には限界があることを知った国際社会は、将来世代にわたって持続可能な社会を築いていくため動き出しました。

(2) 国際社会の動き

　表 9・2 に、水に関連した国際的な動きを示します。1977 年に国連主導で初めての水会議「国連水会議」がマル・デル・プラタで開催されました。この会議では水資源の管理について国際協調することが提示されました。また、1981 年から 1990 年までの 10 年間を「国際飲料水供給と衛生の 10 年」とすることが定められました。1987 年に、環境と開発に関する世界委員会はブルントラント報告書の中で持続可能な発展概念を提唱しました。

　1992 年 1 月にはアイルランドで「水と環境に関する国際会議」が開かれ、持続可能な水資源管理を行うための理念としてダブリン宣言が採択されました。この宣言は、以下に示す水資源管理に関する重要な原則を示しており、後の水管理政策論に大きな影響を与えるものでした。

　＜ダブリン宣言の原則＞

① 　水資源は限りある傷つきやすい資源であり、生命、開発および環境を維持する基本的な資源である

② 　水の開発と管理は、すべてのレベルにおける利用者、計画者、政策決定者の参画方式に基づくべきである

③ 　女性が水の供給、管理、そして保全において中心的役割を果たす

④ 　水はすべての競合する利用において、経済的価値をもつものであり、経済的な財として認識されるべきである

　同年 6 月には、ブラジルで国連環境開発会議（地球サミット）が開催されました。この会議では、持続可能な開発を実現するために、各国そして関係国際機関が実行すべき行動計画「アジェンダ 21」が採択されました。このアジェンダの第 18 章には「淡水資源の質と供給の保護：水資源の開発、管理及び利用への

表 9・2 ● 水に関連した国際的動き

年	取組み　※ [ ] は会議等の開催地	概　要
1945	国連食糧農業機関（FAO）設立	
1972	国連人間環境会議 [ストックホルム]	水を含む天然資源を統合的、協調的に適切に管理・保護することを原則とする
	国連環境計画（UNEP）設立	
1975	ラムサール条約発効	水鳥とその生息地である湿地の保護
1977	国連水会議 [マル・デル・プラタ]	水問題について議論した最初の大きな国際会議 水資源の管理について国際協調を提示
1981	国際飲料水供給と衛生に関する国際 10 年	1990 年まで（国連水会議）
1984	第 1 回世界湖沼会議 [大津]	湖沼及び湖沼流域の環境問題についての議論・意見交換の場
1987	ブルントラント報告書（環境と開発に関する世界委員会：WCED）	持続可能な発展概念の提唱
1988	気候変動に関する政府間パネル（IPCC）設立	温暖化に関する科学的知見の収集・評価・提言を行う政府間機構
1991	世界水週間 [ストックホルム]	SIWI 主催、毎年開催、水と衛生の世界的諸問題を議論する枠組み
1992	水と環境に関する国際会議 [ダブリン]	水と持続可能な開発に関するダブリン宣言、指導原則を示す
	国連環境開発会議（地球サミット）[リオデジャネイロ]	持続可能な開発を実現するための国際会議、リオ宣言、アジェンダ 21 採択
	世界水の日　国連総会決議	毎年 3 月 22 日
1996	世界水会議（WWC）設立	グローバル規模で水問題に対処する国際シンクタンク
	グローバル水パートナーシップ（GWP）設立 [ストックホルム]	政府、国際機関、既存のネットワークを結ぶ組織
1997	第 1 回世界水フォーラム（WWF）[マラケシュ]	地球規模の水危機に対して情報提供や政策提言を行うことを目的とする
2000	第 2 回世界水フォーラム [ハーグ]	「ハーグ宣言」採択
	国連ミレニアムサミット [ニューヨーク]	2001 年にミレニアム目標 MDGs を定める 基本的に開発途上国が対象
2001	国際淡水会議 [ボン]	
	第 9 回世界湖沼会議 [大津]	
2002	国連事務総長 WEHAB 提唱	水、エネルギー、健康、農業、生物多様性の重視を提唱
	持続可能な開発に関する世界首脳会議（WSSD、国連主催）[ヨハネスブルグ]	リオ＋10、第 2 回地球サミットとも呼ばれる
2003	第 3 回世界水フォーラム [京都・滋賀・大阪]	
	国際淡水年（国連総会）	水資源についての認識を高め、より良い管理・保全活動を活性化させる目的

表 9・2 ● 水に関連した国際的動き（つづき）

年	取組み　※［　］は会議等の開催地	概　要
2004	水と衛生に関する国連諮問委員会設立 （UNSGAB、国連主催）	
	日本水フォーラム設立	世界各地及び日本国内で政策提言、活動支援、情報発信、人材育成など行う
2005	国際行動の 10 年「生命のための水」 （国連主催）	2015 年まで
2006	第 4 回世界水フォーラム［メキシコ］	水と衛生問題の解決に向けた行動計画発表
	アジア・太平洋水フォーラム（APWF）設立	アジア太平洋地域の水問題を取りまとめ、課題とし、解決を目指す国際ネットワーク組織
	人間開発報告書 2006 （国連開発計画 UNEP）	世界の水問題に焦点をあてた調査報告書
2007	第 1 回アジア・太平洋水サミット［別府］	
2008	国連世界水アセスメント計画（WWAP）設立	
	国際衛生年	
	シンガポール国際水週間（SIWW）	毎年 6 〜 7 月　シンガポールにて開催
2009	第 5 回世界水フォーラム［イスタンブール］	
	チーム水・日本／水の安全保障戦略機構設立	産学官連携により国内外水問題解決へ行動支援
2012	第 6 回世界水フォーラム［マルセイユ］	
2013	国際水協会世界会議［東京］	
	第 2 回アジア・太平洋水サミット ［チェンマイ］	
	国際水協力年	水資源利用における協調的取組み基盤の提供
	世界トイレの日　決定	毎年 11 月 19 日
2014	水循環基本法制定（日本）	水循環に関する施策の基本理念を示し、総合的かつ一体的に推進するための法
2015	国連持続可能な開発サミット	我々の世界を変革する：持続可能な開発のための 2030 アジェンダ採択（SDGs）
	第 7 回世界水フォーラム［テグ］	
2016	水未来会議開始（日本水フォーラム）	
2017	第 3 回アジア・太平洋水サミット ［ヤンゴン］	
2018	国際行動の 10 年「持続可能な開発のための水」（国連）	水管理方法の転換を支援する行動を促す
	第 8 回世界水フォーラム［ブラジリア］	
	国際水協会世界会議［東京］	
2019	水循環白書公表（日本）	
2020	SDGs 達成のための「行動の 10 年」	2030 年まで

統合的アプローチの適用」と題して、以下の七つの行動原則が示されました。

①　統合的水資源開発及び管理

②　水資源アセスメント

③　水資源、水質及び水界生態系の保護

④　飲料水の供給及び衛生

⑤　水と持続可能な都市開発

⑥　持続可能な食料生産と農村開発のための水

⑦　水資源に対する気候変動の影響

　また、国連総会で 1993 年から 3 月 22 日を「世界水の日」とすることを定め、毎年、水問題や水の大切さやきれいで安全な水を支えることの大切さについて世界中で考える日としました。これまでに、「水と災害」「水と安全保障」などのテーマが取り上げられています。アジェンダ 21 に基づき設置された「国連持続可能な開発委員会（CSD）」は 2005 年 13 期会合で「水、衛生、人間居住」についてのレビューを行い、政策オプションや実施計画などの取組みについて取りまとめを行っています。

　国際的な環境問題への関心が高まるなかで、水問題に関する関心も高まり、1996 年に水に関する問題の国際的な政策策定を目的として民間のシンクタンクである世界水会議 WWC（本部マルセイユ）が設立されました。WWC は以下の目標を掲げ、水問題に関する政策立案を行う組織です。

＜WWC の活動＞

①　世界の水資源を評価し水資源問題を特定する

②　水問題に関する高レベルの意思決定者の意識を高める

③　地球規模の水危機に対して情報提供や政策提言を行う国際的議論の場として世界水フォーラムを開催する

④　各種機関や意思決定者に対して、持続可能かつ包括的な水資源管理に必要な助言や情報を提供する

　WWC の提唱によって、政府、専門家、一般市民が集まって水問題とその解決に向けて国際社会が議論する場として、世界水フォーラム（WWF）が 3 年ごとに開催されています。この会議は、水危機に対する情報提供、政策提言、水問題解決に向けた各国の行動計画を示す場になっています。第 2 回の世界フォーラ

ムでは、水資源管理の目標として「21 世紀における世界水ビジョン（WWV）」
が示されました。このビジョンは世界の水危機を回避するための目標と課題を示
すものです。2025 年を区切りとする課題については、以下のようなものが挙げ
られています。

＜WWV が指摘する問題と課題＞
① 灌漑農業の拡大抑制（節水）
② 水の生産性向上（水 1 滴あたりの食料生産性、農法の改革、技術的開発
　　など）
③ 貯水量の増加（地下水涵養、雨水利用、小規模の貯水技術など）
④ 水資源管理制度の改革（水資源の価格設定の見直し、水関連サービスのコ
　　ストの全費用利用者負担）
⑤ 流域での国際的協力の強化（国際河川の細分化された管理体制の見直し）
⑥ 生態系機能の価値評価
⑦ 技術改革支援（生産性向上に関連）

世界水ビジョンで推奨されている水資源管理の実践的な管理手法を示すものと
して、統合的水資源管理（IWRM）があります。

水と衛生の世界的な諸問題について公共、民間、研究界の意見交換する枠組み
として、1991 年以降、ストックホルム国際水研究所（SIWI）主催の「世界水週
間」（水に関する国際会議）が毎年ストックホルムで開かれています。

2000 年、国連ミレニアムサミットで採択された国連ミレニアム宣言とそれ以
前に開催された主要な国際会議などで採択された目標が統合され、**ミレニアム開
発目標（MDGs）**にまとめられました。目標の一つである「環境の持続可能性の
確保」のなかで、「2015 年までに、安全な飲料水と基礎的な衛生施設を持続可能
な形で利用できない人々の割合を半減する」という目標を掲げ、2010 年に達成
されました。2002 年には「持続可能な開発に関する世界首脳会議」を経て、安
全な水の確保と適切に水処理を行う衛生面について数値目標が決められました。
その後、国連は「水と衛生に関する諮問委員会」を設置（2004 年）し、国際的
に問題を議論し行動していく場を設けています。国連は 2008 年を「国際衛生年」
と定めました。具体的な行動計画を示しながら各国が協力して取り組んできた結
果、その成果を挙げているものの、依然として世界にはきれいで安全な水にアク

セスできない人の割合が人口の 11 ％（7 億 6,800 万人）、衛生的なトイレを利用できない人の割合は 36 ％もあります。2015 年、国連は新たに 2030 年までの**持続可能な開発目標（SDGs）**を 17 項目設定し（**図 9・12**）、その中に「安全な水とトイレを世界中に」「海の豊かさを守ろう」などの目標を設定しています。今後、人口増加や気候変動によって利用できる水資源量が変化する可能性があることから、国際社会は水資源の保全と効率的利用、人間の基本的なニーズと生態系とのバランス、環境保全を優先した水資源配分、総合的水管理の推奨ならびに水環境に関する教育に取り組んでいます。

図 9・12 ●持続可能な開発目標（SDGs）

気候変動に関する政府間パネル（IPCC）は、2007 年の第 4 次報告、第二作業部会報告書（影響・適用・脆弱性）において、地球温暖化などの気候変動が地域ごとの水資源に大きな影響を与えると予測しました。年間平均河川流量と水の利用可能性は、今世紀半ばまでに、いくつかの湿潤熱帯地域と高緯度地域において 10 ～ 40 ％増加し、いくつかの中緯度にある乾燥地域や熱帯地域は 10 ～ 30 ％減少すると報告しています。第 5 次報告では、多くの地域において、降水量または雪氷の融解の変化が水文システムを変化させ、量と質の面で水資源に影響を与えていること、海洋生態系に変異をもたらしていることが報告され、確信度の高い将来リスクとして以下のものが指摘されています。

① 高潮、沿岸域の氾濫、海面水位上昇による災害リスク

② 内陸洪水による健康・生計崩壊リスク

③ 極端な気象現象がもたらす都市のインフラ網や重要サービスの機能停止リスク

④ 極端な暑熱期間による健康影響リスク

⑤ 極端な気象現象に伴う食料不足や食料システム崩壊によるリスク

⑥ 飲料水および灌漑用水の不十分な利用可能性や生産性の低下

⑦ 熱帯と北極圏の農業コミュニティにおいて、海洋・沿岸生態系と生態系サービスが失われるリスク

⑧ 生活を支える陸域・内水の生態系と生態系サービスが失われるリスク

　今後、温暖化に伴う気候変動には、水害をもたらすような気象が増えることや、雨季と乾季の差が激しくなること、利用可能な水資源（年間の河川の流量など）の変化を伴うことが予想されます。私たちはそのような変化に対してどのようなことをどのような順番で行っていく必要があるのか、どのようなことができるのか、考え備えていく必要があります。

　日本では、すべての人が水に起因する苦しみから解放され、水の恩恵を最大限に享受できる世界の実現を目指す**日本水フォーラム**が 2004 年に設立され、さまざまな活動を展開しています。第 4 回世界水フォーラムにおいて、アジア・太平洋水フォーラム（**APWF**）の設立を宣言し、「水の安全保障：リーダシップと責任」をテーマに第 1 回会議を 2007 年に開催しています。2009 年には、国内外の水問題解決による持続可能な未来の実現と水の安全保障の確立を目指す水の安全保障戦略機構が設立されました。

　国土交通省は、日本の水資源の状況について 1983 年から資源の循環と賦存状況、資源の利用状況、適正利用推進や水資源に関する理解の促進活動などを資料「日本の水資源」に取りまとめ、毎年公表しています。日本は 8 月 1 日を水の日と定め、「水の週間」を設けています。環境省は環境白書を毎年公表することによって、水資源とその利用の実態や水資源を取り巻く状況などを報告しています。2014 年に**水循環基本法**を制定しました。この法律の施行に伴い、「日本の水資源」の水循環に関する施策については「**水循環白書**」として内閣官房においてとりまとめられています。

　資源としての水の話題は前世紀末からとても重要なものとして取り上げられています。水不足に伴う水確保の問題は日本でも江戸時代からあります。使いたいだけ使う消費型の社会に未来はなく、自然と調和する社会と暮らしを模索しシフトしていく必要があるかもしれません。水を大切に使うことがますます重要な時代になり、安全な水を確保することが世界的な重要課題です。水の循環と水によって輸送される物質の循環を整備した社会への転換が、今後の水文明に求められます。私たちは将来世代にこの豊かな自然と財産を伝え残すためにも、持続可能な社会をつくっていかなければなりません。そのためにも、総合的、統合的な水管理がとても重要になります。その際に、ウォーターフットプリントなどの定量的な指標が有効に活用されることによって、アプローチの信頼性も得られます。地球の水を得て誕生し進化した人間が 40 億年の時を経て水を理解し、地球の水を大切にしようとしています。これもまた水の循環であると思います。

章末問題

● **1.** LCA（ライフサイクルアセスメント）とは何か、このアセスメントの特徴と成果について示せ。

● **2.** 夕食の献立を考えて、仮想水計算機（9・1節②を参照）でバーチャルウォーターを計算してみよ。

● **3.** 環境指標としてのさまざまなフットプリントにはどのようなものがあるのか、その違いや特徴をまとめてみよ。

● **4.** 日本の工業用水の業種別使用量と回収量を調べ、どのような産業で水の回収率が高いか調べよ。

● **5.** 地球温暖化が水環境および水環境の生態系に及ぼす影響について調べよ。

● **6.** 環境の経済的価値の評価法とその有効性について調べよ。

● **7.** 水資源管理論（WWV）が生まれた背景にある欧州の水関連問題を調べてみよ。

参考資料

【序章　水の自然誌への誘い】

［ 1 ］　『世界大百科事典』第 27 巻，pp.342-343，平凡社（2007）

［ 2 ］　Evelyn Chrystalla Pielou 著，古草秀子 訳，『水の自然誌』，河出書房新社（2001）

［ 3 ］　沖大幹 監修，東京大学「水の知」（サントリー）編，『水の知—自然と人と社会をめぐる 14 の視点』，化学同人（2010）

［ 4 ］　スティーブン・ソロモン 著，矢野真千子 訳，『水が世界を支配する』，集英社（2011）

【1 章　生命の星、地球】

［ 1 ］　『地球　宇宙に浮かぶ奇跡の惑星—なぜ，「水と生命」に恵まれたのか？』ニュートンムック Newton 別冊，ニュートンプレス（2011）

［ 2 ］　北本尚義，"同位体で宇宙の歴史を探る"，LANDFALL，46，1-4（2002）

［ 3 ］　Morgan McFall-Johnsen 著，Toshihiko Inoue 訳，"木星の衛星エウロパで水蒸気を検出…生命の存在を確認するために探査機を打ち上げ"，Business Insider Japan（2019 年 11 月 24 日）

　　　　https://www.businessinsider.jp/post-202912

［ 4 ］　ジョナサン・エイモス，"土星の衛星に「生命育む環境」　米 NASA など水素分子を確認"，BBC NEWS JAPAN（2017 年 4 月 14 日）

　　　　https://www.bbc.com/japanese/features-and-analysis-39597609

［ 5 ］　高井研，『生命はなぜ生まれたのか—地球生物の起源の謎に迫る（幻冬舎新書）』，幻冬舎（2011）

［ 6 ］　玄田英典，生駒大洋，"地球の海の起源〜現状整理と D/H の初期進化〜"，日本惑星科学会誌，17（4），238-243（2008）

［ 7 ］　合田禄，"単純だった生命が進化重ね複雑に…仮説を支持する発見"，朝日新聞デジタル（2019 年 11 月 19 日）

　　　　https://www.asahi.com/articles/ASMCL636FMCLULBJ013.html

［ 8 ］　山賀進，"われわれはどこから来て、どこへ行こうとしているのか　そして、われわれは何者か−宇宙・地球・人類−"　第 2 部 − 3 −大気と海の科学，第 1 章 大気の構造（2005）

　　　　https://www.s-yamaga.jp/nanimono/nanimono-hyoushi.htm

［ 9 ］　Yoko Ohtomo, Takeshi Kakegawa, Akizumi Ishida, Toshiro Nagase, Minik T. Rosing, "Evidence for biogenic graphite in early Archaean Isua metasedimentary rocks", Nature Geoscience, 7, 25-28（2014）

[10]　丸山茂徳，磯崎行雄，『生命と地球の歴史（岩波新書）』，岩波書店（1998）

[11]　小林憲正，金子竹男，Cyril PONNAMPERUMA，大島泰郎，柳川弘志，斉藤威，"模擬原始惑星環境下での生体関連分子の無生物的合成"，日本化学会誌，12，823-834（1997）

[12]　齊藤大晶，倉本圭，"特集『火星圏のサイエンス』原始惑星内部の D/H 比"，日本惑星科学会誌，27（3），229-234（2018）

[13]　SHANNON STIRONE 著，北村京子 訳，"月の地表 7 センチ下に大量の水　NASA 探査機が発見"，ナショナルジオグラフィックニュース（2019 年 4 月 27 日）
https://style.nikkei.com/article/DGXMZO44158040U9A420C1000000/

[14]　Michael Greshko 著，三枝小夜子 訳，"火星の地下 1 ～ 2 m に氷の層発見、採水に便利　深く掘らなくても氷を調達可能、火星有人探査を後押し"，ナショナルジオグラフィックニュース（2018 年 1 月 16 日）
https://natgeo.nikkeibp.co.jp/atcl/news/18/011500012/

[15]　Lisa Grossman，"Mars (probably) has a lake of liquid water, A lake beneath the Red Planet's southern ice sheets may be the best place to find life"，ScienceNews（July 25, 2018）
https://www.sciencenews.org/article/mars-may-have-lake-liquid-water-search-life

[16]　メアリー・ホルトン，"火星で初めて液体の水を確認、地下に「湖」か"，BBC NEWS JAPAN（2018 年 7 月 26 日）
https://www.bbc.com/japanese/44962070

[17]　"地球最古の海洋堆積物から生命の痕跡を発見！　約 40 億年前の微生物による炭酸固定の証拠"，東京大学プレスリリース（2017 年 9 月 28 日）
https://www.c.u-tokyo.ac.jp/info/news/topics/files/20170928pressrelease.pdf

[18]　丸山茂徳，戎崎俊一，丹下慶範，"ドライな還元地球の誕生と大気海洋成分の二次的付加で説明される ABEL モデルと，生命惑星誕生における ABEL 爆撃の重要性"，地学雑誌，127（5），647-682（2018）

[19]　藤崎慎吾，"生命 1.0 への道　第 3 回　ダークホースかもしれない隕石衝突"，ブルーバックス｜講談社-現代ビジネス（2018 年 1 月 11 日）
https://gendai.ismedia.jp/articles/-/54579

[20]　"キュリオシティが発見，火星の古い堆積岩中の有機分子や大気のメタン濃度の季節変化"，アストロアーツ（2018 年 6 月 13 日）
https://www.astroarts.co.jp/article/hl/a/9966_mars

[21]　小林憲正，"アミノ酸の前生物的合成と触媒機能の起源"，Biological Science in Space，20（1），3-9（2006）

[22]　James M. Dohm, Shigenori Maruyama, "Habitable Trinity", Geoscience Frontiers, 6（1），95-101（2015）

［23］ 秋澤宏樹，“彗星探査機「ロゼッタ」の観測成果のひとつ　地球の水はどこから？”，姫路科学館サイエンストピック「科学の眼」，No.497（2015 年 4 月 22 日）
https://www.city.himeji.lg.jp/atom/research/manako/497_t.pdf

［24］ “ALMA2 Project－アルマ望遠鏡が切り拓く 2020 年代の科学のフロンティア－”，国立天文台（2019）

［25］ 掛川武，“グリーンランドで発見された最古の生物活動の痕跡”，Isotope News，7 月号，No.723，12-15（2014）

［26］ Nadia Drake 著，北村京子 訳，“【解説】木星の衛星エウロパに間欠泉，ほぼ確実，ガリレオ探査機が間欠泉の中を通過した強力な証拠を発見”，ナショナルジオグラフィックニュース（2018 年 5 月 16 日）
https://natgeo.nikkeibp.co.jp/atcl/news/18/051600217/

［27］ Ziliang Jin, Maitrayee Bose, “New clues to ancient water on Itokawa”, Science Advances, 5（5），eaav8106, 1-9（2019）

［28］ ロバート・ヘイゼン 著，円城寺守 監訳，渡会圭子 訳，『地球進化 46 億年の物語―「青い惑星」はいかにしてできたのか（ブルーバックス）』，講談社（2014）

［29］ 小林憲正，『生命の起源―宇宙・地球における化学進化―』，講談社（2013）

［30］ 日経サイエンス編集部，『生命の起源　その核心に迫る（別冊日経サイエンス168）』，日経サイエンス社（2009）

［31］ 渡辺政隆，『進化と絶滅　生命はいかに誕生し多様化したか（別冊日経サイエンス235）』，日経サイエンス社（2019）

［32］ David Zwicker, Rabea Seyboldt, Christoph A. Weber, Anthony A. Hyman, Frank Jülicher, “Growth and division of active droplets provides a model for protocells”, Nature Physics, 13, 408-413（2017）

［33］ Evelyn Chrystalla Pielou 著，古草秀子 訳，『水の自然誌』，河出書房新社（2001）

［34］ マイケル・J. パディラ，イオアニス ミアオーリス，マーサ シュール 監修，西山徹 日本語版監修，柴井博四郎 訳，『カラー 生物・生命科学大図鑑：未知への探求』，西村書店（2019）

［35］ Bruce Alberts, Alexander Johnson, Julian Lewis, Martin Raff, Keith Roberts, Peter Walter, “Molecular Biology of the Cell Fifth Edition”, Garland Science（2008）

［36］ “細胞を構成する物質の解説と図”，理科ねっとわーく
https://rika-net.com/contents/cp0410/contents/s1/sec1-01-01.html

【2章　水という物質の科学】

［ 1 ］ Walter J. Kauzmann, David Eisenberg 共著，関集三，松尾隆祐 共訳，『水の構造と物性』，みすず書房（1975，新装版 2001，新装版 2019）

［ 2 ］ 荒川泓，『水・水溶液系の構造と物性』，北海道大学図書刊行会（1989）

［3］　上平恒，逢坂昭，『生体系の水』，講談社サイエンティフィク（1989）

［4］　鈴木啓三，『水の話・十講―その科学と環境問題―』，化学同人（1997）

［5］　北野康，『新版 水の科学（NHK ブックス No.729）』，日本放送出版協会（1995）

［6］　上田寿 監修，三島勇，増満浩志 共著，『図解雑学　水の科学』，ナツメ社（2001）

［7］　橋本淳司，『通読できてよくわかる　水の科学』，ベレ出版（2014）

［8］　松井健一，『水の不思議―秘められた力を科学する』，日刊工業新聞社（1997）

［9］　川瀬義矩，『水を科学する』，東京電機大学出版局（2011）

［10］　上平恒，『水とはなにか―ミクロに見たそのふるまい　新装版（ブルーバックス）』，講談社（2009）

［11］　J. P. Peixoto and A. H. Oort, "Physics of Climate", American Institute of Physics（1992）

［12］　前野紀一，『新版　氷の科学』，北海道大学図書刊行会（2004）

［13］　三戸，"なるほど話　そうだったのか！地球温暖化とその対策（13）～長期低炭素ビジョン：日本の削減目標～"，DOWA エコジャーナル（2018 年 2 月 1 日）
http://www.dowa-ecoj.jp/naruhodo/2018/20180201.html

［14］　稲葉英男，"サイエンスコラム　連載講座「低温環境の利用技術」（2）　氷の性質および産業における低温環境の利用技術に関して"，前川製作所技術研究所
http://rdc.mayekawa.co.jp/column/no2i.shtml

［15］　吉野治一，水に学ぶ物質科学，6 章，液体の水 1 ～水素結合～，大阪市立大学，（2015）
http://e.sci.osaka-cu.ac.jp/yoshino/edu/water/chapter06.pdf

［16］　橋本淳司，"「水の日」「水の週間」応援のポケモンは「水の性質」もつシャワーズ。水の「常識はずれ」な性質知ってる？"，Yahoo! Japan ニュース（2020 年 8 月 1 日）
https://news.yahoo.co.jp/byline/hashimotojunji/20200801-00191118/

［17］　吉野輝雄，"水の性質と役割"，地球上の生命を育む水のすばらしさの更なる認識と新たな発見を目指して，第 1 章，文部科学省科学技術・学術審議会資源調査分科会報告書（2002）

［18］　神崎愷，『おもしろサイエンス水の科学（B&T ブックス）』，日刊工業新聞社（2012）

【3章　地球の水の姿】

［1］　沖大幹，鼎信次郎，"地球表層の水循環・水収支と世界の淡水資源の現状および今世紀の展望"，地学雑誌，116（1），31-42（2007）

［2］　Taikan Oki, "The Hydrologic Cycles and Global Circulation", Encyclopedia of Hydrological Sciences. Theory, Organization and scale, Edited by M. G. Anderson, John Wiley & Sons, Ltd., 1-10（2005）

［3］ "ボリビアの巨大湖が消えた、気候変動で「発熱」 温暖化や水の使い過ぎが原因で世界の湖が枯れつつある"，宇宙から見つめる地球，巨大湖が消える日，National Geographic 日本語版，2018 年 3 月号

［4］ 植田真司，"日本の自然湖沼の成因"，環境研ミニ百科，第 39 号，公益財団法人環境科学技術研究所（1999 年 1 月 29 日）
http://www.ies.or.jp/publicity_j/mini_hyakka/39/mini39.html

［5］ 水，コトバンク
https://kotobank.jp/word/ 水 -138560

［6］ 深見公雄，高橋正征，"真光層（euphotic layer）と補償深度（compensation depth）"，海洋深層水利用学会，海洋深層水利用研究会ニュースレター，4（1），16（2000）

［7］ 沖大幹，虫明功臣，"世界の大河川と海洋における水収支"，生産研究，45（7），502-505（1993）

［8］ 木口雅司，沖大幹，"世界・日本における雨量極値記録"，水文・水資源学会，23（3），231-247（2010）

［9］ IPCC, 2019: IPCC Special Report on the Ocean and Cryosphere in a Changing Climate［H.-O. Pörtner, D.C. Roberts, V. Masson-Delmotte, P. Zhai, M. Tignor, E. Poloczanska, K. Mintenbeck, A. Alegría, M. Nicolai, A. Okem, J. Petzold, B. Rama, N.M. Weyer（eds.）］.（2019）

［10］ 日本地下水学会，井田徹治，『見えない巨大水脈 地下水の科学—使えばすぐには戻らない「意外な希少資源」（ブルーバックス）』，講談社（2009）

［11］ 前野紀一，"氷と雪の構造と熱物性"，熱物性，8（4），250-255（1994）

［12］ Kevin Sullivan, "The one trillion ton iceberg: Larsen C Ice Shelf rift finally breaks through", Swansea University
https://www-2018.swansea.ac.uk/press-office/news-archive/2017/theonetrilliontonneiceberglarsenciceshelfriftfinallybreaksthrough.php

［13］ 榎本浩之，"北極圏の温暖化—科学の取り組み・フィールドワーク・人—"，ヒマラヤ学誌，15，193-199（2014）

［14］ 長沢徹明，梅田安治，"土壌の凍結・融解"，Urban Kubota，24，北海道の特徴的土壌，26-29（1985）

［15］ Magie Black，Jannet King 著，沖大幹 監訳，沖明 訳，『水の世界地図 第 2 版 刻々と変化する水と世界の問題』，丸善出版（2010）

［16］ "神秘の球体 マリモ～北海道 阿寒湖の奇跡～"，NHK スペシャル（2014 年 8 月 24 日）

［17］ 赤祖父俊一，『北極圏のサイエンス オーロラ，地球温暖化の謎にせまる』，誠文堂新光社（2006）

［18］ 柏野祐二，『海の教科書　波の不思議から海洋大循環まで（ブルーバックス）』，講談社（2016）

【4章　気象と水・水の脅威】

［１］ "東京都豪雨対策基本方針（改定）"，東京都（平成26年6月）

［２］ "都道府県別土砂災害危険箇所数"，国土交通省HP，水管理・国土保全，砂防，土砂災害危険個所

https://www.mlit.go.jp/mizukokudo/sabo/doshasaigai_kikenkasho.html

［３］ "台風に関する知識"，台風の名前のつけ方と名前の一覧，お天気.com

https://hp.otenki.com/5694/

［４］ 吉田卓矢，大沢瑞季，"台風19号　高海水温で発達、衰えず　多量の水蒸気蓄え"，毎日新聞大阪朝刊（2019年10月14日）

https://mainichi.jp/articles/20191014/ddn/002/040/010000c

［５］ 津口裕茂，"線状降水帯"，新用語解説，日本気象学会，天気，63（9），727-729（2016）

［６］ 高野保英，竹原幸生，"超高速度撮影による落下雨滴の速度・粒径および形状の計測"，土木学会論文集B1（水工学），70（4），I523-I528（2014）

［７］ 八反地剛，"研究ノート　降雨を起因とする深層崩壊の特徴—崩壊土量と遅れ時間の関係—"，砂防学会誌，Vol.55，No.6，74-77（2003）

［８］ 首都圏外郭放水路

https://www.enaa.or.jp/GEC/nec/html/nyokai/sk07-9.pdf

［９］ "我が国の国土条件"，国土交通省HP，水管理・国土保全，事例集

https://www.mlit.go.jp/river/pamphlet_jirei/dam/gaiyou/panf/dam2007/

［10］ 加藤裕之，コンコム／防災を考える〜第五回，下水道と防災，CONCOM，建設技術者のためのコミュニティサイト（2016）

http://concom.jp/contents/interview/vol8.html

［11］ 岩槻秀明，『図解入門　最新気象学のキホンがよ〜くわかる本　第3版』，秀和システム（2017）

［12］ 信田真由美，大場あい，"温暖化が進むと…スーパー台風、複数回日本上陸　1度上昇で洪水2倍に"，毎日新聞（2019年10月19日）

https://mainichi.jp/articles/20191019/k00/00m/040/237000c

［13］ 坪木和久，"スーパー台風"，新用語解説，天気，65（6），73-75（2018年6月）

［14］ Deanna Conners, "How do hurricanes get their names?", EarthSky, June 1, 2020（2020）

［15］ #AskBOM: How do tropical cyclones get their names?

https://www.youtube.com/watch?v=WAbUM0fUbmA

［16］ Tropical Cyclone Names, NATIONAL HURRICANE CENTER and CENTRAL PACIFIC HURRICANE CENTER
https://www.nhc.noaa.gov/aboutnames.shtml

［17］ "「スーパー台風」高潮で東京23区の3割浸水　都が想定　一週間以上水が引かない地域も", 日本経済新聞（2018年3月30日）

［18］ 中澤幸介, "予測不能な豪雨災害と自助・共助・公助の限界　新しい防災のあり方を考える", Yahoo! Japan ニュース（2020年8月2日）

［19］ !命を守るために知ってほしい「特別警報」　あなたの暮らしをわかりやすく!, 政府広報オンライン（2017年6月30日）
https://www.gov-online.go.jp/useful/article/201307/4.html

［20］ "防災基礎講座　自然災害について学ぼう　河川洪水　内水氾濫　高潮", 自然災害情報室, 防災科研HP
https://dil.bosai.go.jp/workshop/01kouza_kiso/10kouzui.html

［21］ 避難行動判定フローおよび避難情報のポイント, 内閣府防災情報のページ, 令和元年台風第19号等を踏まえた水害・土砂災害からの避難のあり方について（報告）（令和2年3月31日）

［22］ 「実効性のある避難を確保するための土砂災害対策検討委員会」第3回配布資料4, アンケート結果（確定）, 国土交通省, 水管理・国土保全, 砂防（平成31年3月28日）
https://www.mlit.go.jp/river/sabo/committee_jikkousei.html

［23］ 災害時の避難に関する検討課題, 防災・災害情報, 中央防災会議「災害時の避難に関する専門調査会」第6回資料（平成24年3月）

［24］ 首都圏外郭放水路, 首都圏の安全, 安心を守り続ける巨大地下放水路, 彩龍の川, 国土交通省関東地方整備局, 江戸川河川事務所, 平成26年改訂版

［25］ "荒川を知ろう", 国土交通省関東地方整備局, 荒川上流河川事務所
https://www.ktr.mlit.go.jp/arajo/arajo00150.html

［26］ "異常気象リスクマップ", 気象庁
https://www.data.jma.go.jp/cpdinfo/riskmap/index.html

［27］ 田口由明, "ゲリラ豪雨, 既設の下水道施設を有効活用した浸水対策の考え方と設計事例", 特集　ゲリラ豪雨から都市を救え, 月刊推進技術, 30（9）, 17-18（2016）

［28］ "気候・異常気象について", 知識・解説, 気象庁
https://www.jma.go.jp/jma/kishou/know/faq/faq19.html

［29］ ダムの洪水調節に関する検討会, "ダムの洪水調節に関する検討取りまとめ", 国土交通省水管理・国土保全局（令和2年6月）

【5章　水がつくる世界とその科学】

［1］ 土屋十圀，中村良夫，"親水水路にみる流水形態と音環境の特性"，造園雑誌，56（5），229-234（1993）

［2］ ケン・リブレクト 著，矢野真千子 訳，『雪の結晶：小さな神秘の世界』，河出書房新社（2014　2008）

［3］ 山口耕生 監修，増田明代 著，『なぜこうなった？　あの絶景のひみつ』，講談社（2018）

［4］ 前野紀一，"氷と雪の構造と熱物性"，特集：雪・氷と利用技術，熱物性8（4），250-255（1994）

［5］ 中谷宇吉郎，『雪（岩波文庫）』，岩波書店（1994）

［6］ 高橋徹，"多結晶雪の発生機構"，日本結晶学会誌，24，217-225（1982）

［7］ Noboru Sato, Katsuhiro Kikuchi, "Crystal Structure of Typical Snow Crystals of Low Temperature Types", Journal of Meteorological Society of Japan, 67（4），521-528（1989）

［8］ Yoshinori Furukawa, "Fascination of Snow Crystals, How are their beautiful patterns created?", Institute of Low Temperature Science, Hokkaido University
http://www.lowtem.hokudai.ac.jp/ptdice/english/aletter.html

［9］ 菊池勝弘，亀田貴雄，樋口敬二，山下晃，"中緯度と極域での観測に基づいた新しい雪結晶の分類―グローバル分類―"，日本雪氷学会誌，雪氷，74（3），233-241（2012）

［10］ 小方厚，『音律と音階の科学　新装版　ドレミ…はどのようにして生まれたか（ブルーバックス）』，講談社（2018）

［11］ Jinhexi，"サイフォン式コーヒーメーカーの原理や仕組みと美味しく入れる方法"，Acts-Coffee（2018年6月8日）
https://acts-coffee.net/709.html

［12］ "エネルギーを伝える共振"，電気と磁気の館，TDK，TECH-MAG
https://www.jp.tdk.com/tech-mag/hatena/011

［13］ 小林禎作，前野紀一，"雪結晶の分類と成長形・晶癖変化"，コトバンク
https://kotobank.jp/word/雪(snow)-1603478

［14］ 小林禎作，古川義純，『雪の結晶』，雪の美術館（1991）

【6章　水と文明】

［1］ 内藤正明 監修，『琵琶湖ハンドブック三訂版』，第1章 琵琶湖のあらまし，1.2 世界の湖と琵琶湖，滋賀県琵琶湖環境部琵琶湖保全再生課（2018）

［２］ 秋道智彌 編，『水と文明─制御と共存の新たな視点』，昭和堂（2010）

［３］ "文明が減亡する理由〜複雑化 Vs 知能〜"，週刊スモールトーク第 279 話，BeneDict，地球歴史館（2015 年 1 月 30 日）
http://benedict.co.jp/smalltalk/talk-279/

［４］ 山本耕平，"廃棄物処理の歴史・法制史"
http://www2u.biglobe.ne.jp/~kouhei-y/haikibutunorekisi-houseisi.htm

［５］ 田中淳志，"治水・利水の歴史と意味の考察"，水利科学，48（6），81-99（2005）

［６］ 内藤敦子，"日本と世界の文化 2　信仰の対象と儀式"，言葉と文化のミニ講座，明星大学，Vol.103（2017）

［７］ 近藤純正，"打ち水の科学"，研究の指針 K13（2006 年 3 月 12 日）
http://www.asahi-net.or.jp/~rk7j-kndu/kenkyu/ke13.html

［８］ "世界と日本の水道・下水道の起源"，宇都宮市水道 100 周年下水道 50 周年史，通史編，宇都宮市上下水道局，平成 31 年

［９］ "疏水名鑑　この国を潤す地球 10 周分の水路"，農林水産省
http://www.inakajin.or.jp/sosui/what/tabid/299/Default.aspx

［10］ "水と戦い続けた人々の壮絶な歴史が作った　オランダの世界遺産"，エクスペディア編集部，We Expedia 旅のアイデア発見しよう（2015 年 7 月 30 日）
https://welove.expedia.co.jp/destination/europe/netherlands/8833/

［11］ 歴史に学ぶ治水の智恵，富士川の治水を見る，信玄堤，万力林，雁堤，国土交通省甲府河川国道事務所，2-18（2004）

［12］ 徳仁親王，"江戸と水"，地学雑誌，123（4），389-400（2014）

［13］ 徳仁親王，『水運史から世界の水へ』，NHK 出版（2019）

［14］ 末次忠司，"江戸時代の水管理技術"，水利科学，358，41-52（2017）

［15］ 岩淵令治，"巨大都市江戸　大量消費の幕開け"，学術の動向，特集 ゴミを考える，1-11（1992）

［16］ 小泉格，"気候変動と文明の盛衰"，地学雑誌，116（1），62-78（2007）

［17］ "東京の運河"，技術ノート No.22，東京都地質調査業協会（平成 8 年 9 月）
http://www.tokyo-geo.or.jp/technical_note/pdf/No22.pdf

［18］ "資源・エネルギー循環の形成"，下水道における資源・エネルギー利用，国土交通省
https://www.mlit.go.jp/mizukokudo/sewerage/crd_sewerage_tk_000124.html

［19］ 土屋美樹，下水道施設における地域バイオマスの資源・エネルギー利用，国土交通省，水管理・国土保全局，バイオマス産業社会ネットワーク第 176 回研究会資料（平成 30 年 7 月 4 日）

［20］ 国土交通省 下水処理場におけるバイオガス発電箇所一覧（令和元年 5 月末）
http://www.mlit.go.jp/common/001248618.pdf

［21］ "海外における下水道の歴史"，国土交通省，都市・地域整備局下水道部
https://www.mlit.go.jp/crd/sewerage/rekishi/04.html

［22］ "江戸時代以前の下水道"，国土交通省，都市・地域整備局下水道部
https://www.mlit.go.jp/crd/sewerage/rekishi/01.html

［23］ Magie Black，Jannet King 著，沖大幹 監訳，沖明 訳，『水の世界地図 第2版
刻々と変化する水と世界の問題』，丸善出版（2010）

［24］ "トイレの知られざる歴史"，海外と日本，トイレに関する豆知識，日本水道センター
https://www.mizunotoraburu.com/restroom/column/toilet_column31.html

［25］ "ダムコレクション"，国土交通省
https://www.mlit.go.jp/river/damc/

［26］ 渡部森哉，"アンデス文明形成期の神殿社会"，人類学研究所研究論集，1，33-52
（2013）

［27］ ユバル・ノア・ハラリ 著，柴田裕之 訳，『サピエンス全史 上 文明の構造と
人類の幸福』『同 下』，河出書房新社（2016）

［28］ ジャレド・ダイアモンド 著，楡井浩一 訳，『文明崩壊 滅亡と存続の命運を分
けるもの 上』『同 下』，草思社（2005）

［29］ サミュエル・ハンチントン 著，鈴木主税 訳，『文明の衝突』，集英社（1998）

［30］ 中道宏，環境を破壊し，消滅した文明，文明の発祥と環境の破壊，地球環境問題
とはどのようなことか，話題2，農業の始まり，Seneca21st（平成20年3月21
日）

［31］ 石坂匡身，"古代文明と環境問題 —環境問題で滅びた古代文明の物語るもの，今
日の環境問題の本質，そして地球温暖化問題，Seneca21st（平成20年8月4日）

［32］ 沖大幹 監修，村上道夫，田中幸夫，中村晋一郎，前川美湖 共著，東京大学総括
プロジェクト機構「水の知」（サントリー）総括寄付講座 編，『水の日本地図 水
が映し出す人と自然』，朝日新聞出版（2012）

［33］ 近藤和幸，今井健太郎，今田耕太郎，早坂信哉，鄭忠和，上岡洋晴，『銭湯：ボ
クが見つけた至福の空間（NHK趣味どきっ！）』，NHK出版（2020）

【7章　生体と水の科学】

［1］ 上平恒，逢坂昭，『生体系の水』，講談社サイエンティフィク（1989）

［2］ 久保田紀久枝，森光康次郎 共編，『食品学 食品成分と機能性 第2版補訂』，
東京化学同人（2011）

［3］ 田中，黒田，高見，恒川，上砂，中川，市川，"東京の温泉"，技術ノート，東京
都地質調査業協会（平成4年3月）

［4］ 白木公康，"緊急寄稿（1）新型コロナウイルス感染症（COVID-19）のウイルス
学的特徴と感染様式の考察"，週刊日本医事新報5004号，日本医事新報社（2020）

［5］　増田敦子，『解剖生理をおもしろく学ぶ』，サイオ出版（2015）

［6］　一般社団法人日本温泉気候物理医学会 監修，"温泉療法のイ・ロ・ハ　あんしん・あんぜんな温泉利用のいろは"，環境省自然環境局（平成 31 年 3 月）

［7］　宮下道夫，"肺胞呼気水分の研究"，日本衛生学雑誌，9（3），153-157（1955）

［8］　中野義夫 監修，『ゲルテクノロジーハンドブック―機能設計・評価・シミュレーションから製造プロセス・製品化まで』，NTS（2014）

［9］　小沢正昭，"水の機能と機能化"，FOOD Style21（2003 年 8 月）

［10］　"水のリラックス効果"，サントリー水大辞典，くらしと水，Suntory ホームページ
https://www.suntory.co.jp/eco/teigen/jiten/life/02/

［11］　田村隆明，『基礎細胞生物学』，東京化学同人（2010）

【8章　水と暮らし】

［1］　"浄水処理"，東京都水道局，水源水質
https://www.waterworks.metro.tokyo.jp/suigen/topic/26.html

［2］　"高度浄水処理について"，東京都水道局，水源水質
https://www.waterworks.metro.tokyo.jp/suigen/kodojosui.html

［3］　東京都水道局 平成 27 年度，一般家庭水使用目的別実態調査

［4］　木下健，"海洋エネルギーの可能性"，Nippon.com，エネルギー政策，日本の岐路（2012 年 8 月 28 日）

［5］　"SL 大解剖"，京都鉄道博物館
http://www.kyotorailwaymuseum.jp/amusement/

［6］　"マグロの完全養殖"，近畿大学水産研究所
https://www.flku.jp/aquaculture/tuna/

［7］　"消防の仕事"，消防博物館
https://www.bousaihaku.com/

［8］　"農業分野における水使用量の節約・灌漑技術"，植物工場日記（2014 年 12 月 30 日）
http://plantfactory.hatenablog.com/entry/drip_irrigation

［9］　石川幹子，景観としての水，地球上の生命を育む水のすばらしさの更なる認識と新たな発見を目指して，第 4 章，水の特性を生かした様々な活用，文部科学省，科学技術・学術審議会，資源調査分科会報告書（2002 年 12 月）

［10］　水道の国際比較に関する研究（国外の生活用水使用量），水道技術研究センター（JWRC）（2017 年 5 月）
http://www.jwrc-net.or.jp/chousa-kenkyuu/comparison/abroad03.html

［11］　水の上手な使い方，くらしと水道，東京都水道局ホームページ，
https://www.waterworks.metro.tokyo.jp/kurashi/

［12］ 岡野武志，"水の使われ方"，静かに広がる水のリスク，第二回，大和総研，レポートコラム（2013 年 1 月 25 日）

［13］ "街中の水族館が増えているのはなぜ？　水族館の最新動向について知る！"，Nikkei4946.com，全図解ニュース解説（2012）2012 年 11 月 19 日

［14］ ジブ・クレメール，"水ビジネス　水不足が生んだ新しい節水農業"，月刊事業構想，2014 年 8 月号

［15］ 消防力の志（こころざし），機関誌「水の文化」，20 号（2005 年 8 月）

［16］ "こども環境白書 2009（平成 20 年版）"，環境省（2008）

【9章　資源としての水】

［1］ 望戸昌観，"世界の水の現状と課題"，地理・地図資料，2019 年 1 月

［2］ Magie Black，Jannet King 著，沖大幹 監訳，沖明 訳，『水の世界地図　第 2 版　刻々と変化する水と世界の問題』，丸善出版（2010）

［3］ 沖大幹 監修，村上道夫，田中幸夫，中村晋一郎，前川美湖 共著，東京大学総括プロジェクト機構「水の知」（サントリー）総括寄付講座 編，『水の日本地図 水が映し出す人と自然』，朝日新聞出版（2012）

［4］ 平成 16 年版 "日本の水資源"，国土交通省（2006）
http://www.mlit.go.jp/tochimizushigen/mizsei/hakusyo/index5.html

［5］ 令和元年版，日本の水資源の現況について本編，国土交通省（2019）
https://www.mlit.go.jp/common/001316355.pdf

［6］ L. A . Shiklomanov and J. C. Rodda，"World Water Resources at the Beginning of the Twenty-First Century（International Hydrology Series）"，UNESCO，Cambridge Univ. Press（2003）

［7］ 安全な飲料水を継続的に利用できない人々の全人口に対する割合，The Millennium Development Goals Report 2015，UN2015（2015）

［8］ 高橋裕，"水資源の統合管理の概念整理"，文部科学省，科学技術・学術審議会，資源調査分科会資料（平成 21 年 10 月 9 日）
https://www.mext.go.jp/b_menu/shingi/gijyutu/gijyutu3/shiryo/attach/1286923.htm

［9］ フレッド・ピアス 著，古草秀子 訳，沖大幹 解説，『水の未来　世界の川が干上がるとき　あるいは人類最大の環境問題』，日経 BP 社（2008）

［10］ "地球上の生命を育む水のすばらしさの更なる認識と新たな発見を目指して"，第 5 章 提言 今後の展開方向と課題，文部科学省，科学技術・学術審議会，資源調査分科会報告書（2002）

［11］ 環境白書　循環型社会白書 / 生物多様性白書，地球を守る私たちの責任と約束」第 1 部第 4 章，環境省（2010）
http://www.env.go.jp/policy/hakusyo/h22/

［12］　環境白書，令和元年版，環境省

［13］　福石幸生，"日本水利用産業連関表の作成と課題"，産業連関，17（3），57-73（2009）

［14］　阿部武志，"静かに広がる水のリスク"，水のこれから第7回，大和総研，ESG の広場（2013年6月29日）

［15］　沖大幹，"気候変動に伴う世界の水問題とバーチャルウォーター"，JICE Report，14，2-11（2008）

［16］　須藤恭伴，"水とエネルギーの相互依存問題に関する俯瞰的一考察―水問題の基本情報と，エネルギー問題との複雑な相互関係―"，日本エネルギー経済研究所，研究レポート（2016年6月7日）

　　　　https://eneken.ieej.or.jp/data/6719.pdf

［17］　伊坪徳宏，"水循環の持続可能性と環境影響評価―プラスチックとの関わり―"，プラスチック循環利用協会講演会資料（2016年11月18日）

　　　　https://drive.google.com/drive/folders/17aR3W-Ix4g0W8dk0-EjEteHpGeA_l4-R

［18］　"IPCC 第4次評価報告書"，IPCC（Intergovernmental Panel on Climate Change）（2007）

［19］　IPCC 第5次評価報告書の概要，―第2作業部会（影響，適応および脆弱性），環境省（2014）

［20］　A. H. Hoekstra, A.K. Chapagain, "Water Footprints of Nations: Water Use by People as a Function of Their Consumption Pattern", Water Resour Manage, 21, 35-48（2007）

［21］　日本水フォーラム，活動内容

　　　　http://www.waterforum.jp/jp/what_we_do/

［22］　今村能之，"世界の水危機―環境と開発の調和に向けての国連の取り組み"，リバーフロント研究所，RIVER FRONT，Vol.58，28（2007）

［23］　今村能之，"第4回世界水フォーラムと国連の取り組み"，リバーフロント研究所，RIVER FRONT，Vol.56，21（2006）

［24］　"Human Development Report 2006 -Beyond scarcity: Power, poverty and the global water crisis-", United Nations Development Programme（2006）

［25］　"令和元年度水循環施策（令和2年版水循環白書）"，内閣官房（2019）

［26］　松岡勝実，"水法の新局面―統合的水資源管理の概念と制度上の諸課題―"，水利科学，48(1)，1-26（2004）

［27］　濱崎宏則，"統合的水資源管理（IWRM）の概念と手法についての一考察"，政策科学，16(2)，83-93（2009）

＊記載の URL はすべて、2020年10月時点のもの。

索　引

〈著者略歴〉

清田佳美（せいだ　よしみ）

1964 年　新潟県新潟市生まれ
1987 年　東北大学工学部卒業
1989 年　東北大学大学院・工学研究科修了
2004 年〜2010 年　東京工業大学大学院・総合理工学研究科 連携准教授
2011 年〜　東洋大学経済学部総合政策学科 教授
専門は、物質・環境化学工学、博士（工学）

水の科学（第 2 版）
—水の自然誌と生命、環境、未来—

2015 年 3 月 20 日　　第 1 版第 1 刷発行
2020 年 11 月 10 日　　第 2 版第 1 刷発行

著　　者　清田佳美
発行者　村上和夫
発行所　株式会社 オーム社
　　　　郵便番号　101-8460
　　　　東京都千代田区神田錦町 3-1
　　　　電話　03(3233)0641(代表)
　　　　URL　https://www.ohmsha.co.jp/

© 清田佳美 2020

組版 新生社　印刷・製本　壮光舎印刷
ISBN978-4-274-22614-4　Printed in Japan

本書の感想募集　https://www.ohmsha.co.jp/kansou/
本書をお読みになった感想を上記サイトまでお寄せください。
お寄せいただいた方には、抽選でプレゼントを差し上げます。

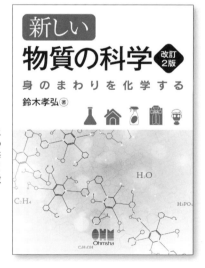